서울,
작품이 되다

서울, 작품이 되다

세계적인
건축가들이 설계한
서울의
명품 건축물

공주석 지음

청아출판사

추천사

이 책은 건축을 전공하고 오랜 기간 건설 현장에서 활동해 온 저자가, 직접 체득한 건축의 가치를 바탕으로 집필한 의미 있는 기록물입니다. 저자는 해외 건축물과 서울에 자리한 세계적 건축가의 작품을 비교, 분석하여 독자가 건축의 차이를 이해하고, 그 속에서 서울 건축 문화의 특수성과 우수성을 발견할 수 있도록 안내합니다. 이는 국가나 공공 기관이 아닌 한 개인의 열정과 사명감에서 비롯된 시도로, 새로운 K-문화의 지평을 여는 중요한 출발점이라 할 수 있습니다.

저자는 30여 년간의 건설 회사 근무 경험을 토대로 건축의 전문성을 체계적으로 해석하면서도, 독자가 쉽게 공감할 수 있도록 서술했습니다. 다양한 현장의 일화와 생생한 사례는 읽는 이로 하여금 흥미를 느끼게 하고, 동시에 우리 건축 자산의 소중함을 다시금 일깨워 줍니다.

서울의 골목과 광장 그리고 각종 건축물이 지닌 역사와 의미를 한 편의 기록으로 풀어내는 전개는, 마치 오래된 사진첩을 펼쳐보는 듯 선명하고 깊은 울림을 줍니다. 책 속에 소개된 세계적 건축가들의 작품은 서울을 더욱 특별하게 기억하게 하는 산물이자, 한국 건축 문화가 세계로 뻗어 나가는 실마리로 자리할 것입니다.

2025년 10월

박봉준

서울특별시 강남구 건축사협회 회장

머리말

서울 건축물의 재발견

도시는 가족과 같다. 도시는 사람들에게 일하는 공간을 만들어 주고, 그 속에서 행복과 여유를 찾게 해 주는 가족과 같은 공간이다. 아울러 다양한 사람이 시간을 소비하며 생활하는 공간이자, 역사를 만드는 산물과도 같다. 이곳에서 보이는 크고 작은 건축물과 도로 그리고 목적을 가지고 바쁘게 움직이는 자동차들, 언제나 같은 곳에 서 있는 가로수도 매일 똑같아 보이지만, 도시와 함께 지금도 변화하고 있다.

한국인은 대다수 서울을 중심으로 수도권 그리고 부산, 대구, 광주 등과 같은 거대 도시에서 살고 있다. 1960년대에는 서울과 수도권에 모여 사는 사람들이 우리나라 인구의 20%를 차지하였으며, 1970년대부터는 정치, 경제, 교육, 문화의 중심지인 서울로 사람들이 몰리기 시작했다.

이후 2021년에는 서울과 수도권 인구 비율이 50.4%에까지 이르렀으며, 지금은 국민의 70% 정도가 서울과 수도권, 광역시에 살고 있다.

그중 필자가 매력을 느끼는 서울은 대한민국 수도로 한반도 중서부에 있으며, 정치, 경제, 사회, 문화의 중심지이자 도로, 철도, 항공 교통의 핵심이다. 인접한 경기도 지역 내 과천, 안양, 시흥, 성남, 구리, 의정부, 일산, 부천 등의 위성 도시와 수원, 안산, 인천 등을 포함해 하나의 거대 도시인 메갈로폴리스 megalopolis를 이루고 있다.

휴일과 주말이 되면 서울에서 생활하는 사람들은 도시를 떠나 산, 들, 강, 바다로 지친 마음과 몸을 충전하고자 찾아가지만, 반대로 서울 바깥에 사는 사람들은 서울이라는 공간에 호기심과 동경을 품고 서울로 향하는 일과가 반복되고 있다. 오늘날 대한민국 서울은 거대 도시 뉴욕과 홍콩에 못지않게 세계로 도약하고 있다.

서울이라는 도시는 구석구석에 다양한 숨은 역사와 사연을 간직하고 있다. 특히 독특한 개성과 소소한 아름다움과 이야기를 가진 건축물이 의외로 많다. 그래서 한국 땅에 설계를 경험한 그들의 평가가 무척 궁금했다.

필자가 연구한 바에 의하면, 대한민국 서울에는 국제적 지명도가 있는 '세계적인 건축가들이 설계한 명품 건축물'이 의외로 많다. 더구나 지방 곳곳에까지 유명 건축가가 설계한 건축물이 계속해서 들어서고 있다. 그리고 해외 건축가에 의한 감성적 건축물의 탄생은 '대한민국의 브랜드 가치 상승'과 함께 서울이 국제적인 도시로 도약하는 유형 자산이 되고 있다.

구체적으로 우리나라에는 약 80~90명이 넘는 해외 유명 건축가들이 설계한 다양한 설계안이 존재한다. 포르투갈의 건축 시인으로 불리는 알바루 시자 Alvaro Joaquim de Melo Siza Vieira 와 스위스 태생의 건축가 페터 춤토르 Peter Zumthor 는 대한민국의 아름다운 자연환경에 반해, 서울이 아닌 대한민국의 작은 시골 지역에 설계를 진행하며 자연과 인간성을 강조했다. 자하 하디드 Zaha Hadid 와 라파엘 비뇰리 Rafael Viñoly, 구로카와 기쇼 黒川紀章 등과 같은 건축가는 대한민국 서울에 '단 하나의 설계'만을 남기고 아쉬운 인생을 마감한 건축가들이다. 어느 건축가들은 서울에 설계한 작품을 계기로 전 세계에 자신의 이름을 알리며 성공적으로 데뷔했다. 영국 건축가 데이비드 치퍼필드 David Chipperfield 와 홍콩 출신 아론 탄 Aron Tan이 바로 그들이다. 대한민국에 너무도 잘 알려진 일본인 건축가 안도 다다오 安藤忠雄, 재일동포 건축가 이타미 준 伊丹潤, 오쿠노 쇼 奧野翔, 네덜란드 건축가 벤 판 베르켈 Ben van Berkel은 서울에서의 설계 작업을 위해 수시로 대한민국을 방문했다. 한국과 깊은 인연을 맺은 건축가 중 프랭크 게리 Frank Gehry와 렌조 피아노 Renzo Piano, 안도 다다오, 리처드 마이어 Richard Meier, 노먼 포스터 Norman Foster 등 다섯 명의 건축가는 '건축계의 노벨상'으로 불리는 미국 프리츠커 건축상과 미국 건축가협회 AIA에서 수여하는 금메달, 영국 왕립건축가협회 RIBA에서 수여하는 로열 금메달 등 '세계 3대 건축상'을 수상했다. 그들의 작품이 대한민국 서울에 존재한다는 사실 하나만으로도 필자는 감동과 벅차오르는 흥분을 느낀다. 매우 흥미로운 일이자 서울이 지닌 엄청난 매력이며, '역사에 남을 소중한 탐방 거리'라고 생각한다.

이 책은 '세계적인 건축가가 설계한 서울의 명품 건축물'을 찾아보며, 그들이 살아온 곳과는 전혀 다른 자연과 문화, 환경 속에 자리 잡은 다양한 건축 이야기를 소개하고 있다. 아울러 건축물이 건립되기 전후, 도시 공간이 변화되어 가는 모습도 정리했다. 이를 통해 필자는 대한민국 수도 서울을 재해석하고, 그들의 헌신적인 열정과 추구해 온 가치의 소중함을 꿈 많은 청소년과 일반인에게 널리 알리고 싶었다. 아울러 유명한 건축가들의 손길을 담은 건축물을 '소중한 건축 문화 자산으로 재평가'해야 할 필요성을 간곡하게 주장하고 싶었다.

이 책을 집필하며 건축을 전공하는 전문가보다는 평범한 일반인이 이 한 권만으로도 건축을 쉽게 이해하도록, 나름의 몇 가지 원칙을 세웠다. 첫째, 책에 이름이 오른 건축물들은 편의상 '한강'을 기준으로 강북 지역을 올드OLD 타운으로, 강남 지역을 뉴NEW 타운으로 구분했다. 둘째, 모든 건축물을 지역 및 구역별로 추천하고, 방문 코스와 선정 사유 상징성, 작품성, 건축가 지명도, 접근성를 구분해 설명했다. 셋째, 책에 수록한 건축물을 방문하기 전 알아야 할 기본 사항을 한 장으로 정리했다. 끝으로 설계와 시공 과정에서 발생한 다양한 에피소드를 사진과 해설을 중심으로 소개하고, 필자의 평가와 해석을 통해 '건축물의 가치와 의의'를 정리했다. 예를 들어 '프랭크 게리의 빌바오 구겐하임 미술관'과 '자하 하디드가 설계한 동대문 DDP'를 비교하여 건축물의 가치와 평가, 중요성을 설명했다.

이 책은 대한민국 수도 서울을 설계한 여러 건축가들이 우리 문화와 역사, 자연환경을 이해하는 과정과 설계를 진행하는 동안 그들이 경험한 다양한 에피소드, 그들이 느낀 진솔한 감정 하나하나를 소중한 자산으로 남겨야 할 이유를 충분히 설명하고자 했다. 또 설계가 처음 시작되고, 공사로 구체화되는 과정에서 대한민국 서울이 서서히 변모되는 다양한 이야기를 기록해, 우리가 잃은 것과 새롭게 얻는 가치를 다시 한번 생각했다.

대한민국 수도 서울의 매력을 재발견하고, 대한민국을 찾는 외국인과 모든 국민이 서울의 소중한 건축적 가치를 찾는 데 도움이 되길 바란다. 아울러 그들의 흔적과 결과물을 올바로 재해석하여, 이것이 국가 브랜드 증진과 관광 상품화에 기여하는 공익적 자산이 되기를 기원한다.

2025년 10월

공주석

일러두기

건축물 명칭 책에 수록한 건축물의 이름은 되도록 정식 명칭을 수록하려 했으며, 가독성을 높이기 위해 약칭을 사용한 때도 있습니다.

건축 프로젝트 참여자 건축물이 완성되는 데는 건축주, 설계사(건축사), 시공사, 협업사 등이 필요합니다.

건축주	건립을 의뢰하고, 자금을 제공하는 사람 또는 회사.
설계사(건축사)	건축물을 구상하고 디자인하는 전문가. 설계 도면을 작성하고 건축 허가를 받음.
시공사	설계 도면을 바탕으로 공사를 수행하는 회사.
협업사	해외 건축가의 국내 건축물 설계안을 구현하는 데 실무 역할을 수행하는 전문가 또는 회사. 대한민국 건축사 자격증을 보유해야 하며, 서류 작업 및 인허가 절차를 대행.
감리자	건축주를 대신해 공사 과정이 설계 도면과 법규에 맞게 진행되는지 감독하고 확인하는 전문가.

건축물 연도 건축물 옆에 표기된 연도는 대개 완공 연도를 의미하며, 설계는 대부분 그 몇 년 전에 이루어집니다. 따라서 설계안 연도와 건축물 연도는 다릅니다.

* 최선을 다해 정확한 정보를 수록하고자 하였으나, 당시 자료 부족이나 기록 오류로 인해 일부 연도 및 내용이 공식 기록과 다를 수 있습니다. 양해 부탁드리며, 혹시라도 오류가 발견된다면 확인 후 수정하겠습니다.

목차

추천사 · 4
머리말 · 7
서울 지역 건축물 분포도 · 16

광화문 교보생명 본사 사옥^{시저 펠리} · 22 KT광화문빌딩 East^{렌조 피아노} · 46
종로타워^{라파엘 비뇰리} · 68

이태원 리움미술관 M2^{장 누벨} · 90

서울역, 을지로 문화역서울284^{쓰카모토 야스시} · 114 서울로7017^{비니 마스} · 130
SKT타워^{아론 탄} · 150

용산역, 마포 아모레퍼시픽 사옥^{데이비드 치퍼필드} · 166
이화 캠퍼스 복합단지(ECC)^{도미니크 페로} · 184

동대문 동대문디자인플라자(DDP)^{자하 하디드} · 204

강남

청담동 갤러리아백화점 명품관 WEST^{벤 판 베르켈} · 232
루이비통 메종 서울^{프랭크 게리} · 248 하우스 오브 디올^{크리스티앙 드 포잠박} · 268
송은 아트스페이스^{헤르조그 앤 드 뫼롱} · 286

강남역 강남 교보타워^{마리오 보타} · 308 GT타워^{피터 카운베르흐} · 326

세곡동 LH 강남 힐스테이트^{프리츠 반 동겐} · 340 강남에버시움^{야마모토 리켄} · 358

마곡동 LG아트센터 서울^{안도 다다오} · 376 코오롱 원앤온리타워^{톰 메인} · 400

삼성동, 잠실역 현대 아이파크 타워^{다니엘 리베스킨트} · 420

여의도 파크원^{리처드 로저스} · 440

건축가별 국내 건축물 목록 · 458
세계적인 건축가가 설계한 지방 건축물 · 460
세계 3대 건축상 · 462
사진 저작권 · 463

서울 지역 건축물 분포도

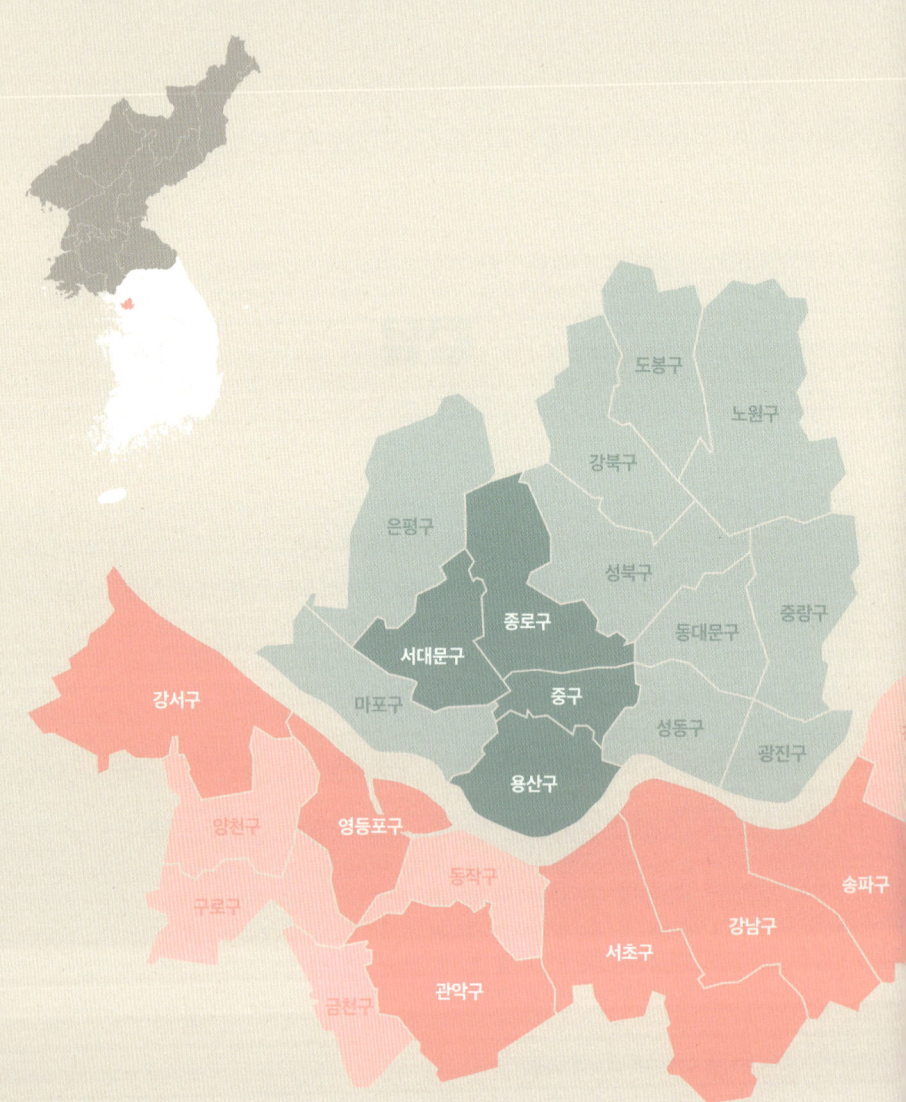

강북

- **광화문**
  교보생명 본사 사옥 시저 펠리
  KT광화문빌딩 East 렌조 피아노
  대림미술관 뱅상 코르뉴
  국제갤러리 K3 플로리안 아이덴버그
  갤러리 이즈 이타미 준
  종로타워 라파엘 비뇰리

- **이태원**
  리움미술관 M1 마리오 보타
  리움미술관 M2 장 누벨
  리움미술관 아동교육문화센터 렘 콜하스

- **서울역, 을지로**
  문화역서울284 쓰카모토 야스시
  서울로7017 비니 마스
  롯데호텔 서울 오쿠노 쇼
  SKT타워 아론 탄
  한화 장교사옥 벤 판 베르켈

- **용산역, 마포**
  아모레퍼시픽 사옥 데이비드 치퍼필드
  이화 캠퍼스 복합단지(ECC) 도미니크 페로
  쥬라기 타워 톰 메인

- **동대문**
  동대문디자인플라자(DDP) 자하 하디드
  JCC 아트센터 안도 다다오

강남

- **청담동**
  갤러리아백화점 명품관 WEST 벤 판 베르켈
  돌체앤가바나 서울청담플래그십 장 누벨
  까르띠에 메종 청담 다비드 피에르 잘리콩
  청하빌딩 비니 마스
  루이비통 메종 서울 프랭크 게리
  하우스 오브 디올 크리스티앙 드 포잠박
  송은 아트스페이스 헤르조그 앤 드 뫼롱
  서울옥션 강남센터 장 미셸 빌모트
  압구정 리더스피부과의원 아론 탄
  샤넬 서울플래그십 피터 마리노
  오메가 플래그십 다비드 피에르 잘리콩

- **강남역**
  강남 교보타워 마리오 보타
  GT타워 피터 카운베르흐
  서울프랑스학교 다비드 피에르 잘리콩

- **세곡동**
  LH 강남 힐스테이트 프리츠 반 동겐
  강남에버시움 야마모토 리켄

- **마곡동**
  LG아트센터 서울 안도 다다오
  코오롱 원앤온리타워 톰 메인

- **삼성동, 잠실역**
  현대 아이파크 타워 다니엘 리베스킨트
  롯데월드 어드벤처 구로카와 기쇼

- **여의도**
  파크원 리처드 로저스

- **서울대**
  서울대학교 미술관 렘 콜하스

17

OLD
강북
TOWN

(방문 추천 코스)

광화문

상징성 ★ 작품성 ★ 건축가 ★ 접근성 ★

광화문 길은 서울시청 광장을 시작으로 세종대로를 따라 광화문 광장까지 이어지며, 도보 약 1㎞, 일반인 기준으로 8~10분이 소요되는 거리이다. 이 길을 좋아하는 이유는 과거 조선 한양의 중심이었고, 현재 대한민국 정치, 행정의 중심지이며, 대표적인 관광지가 즐비한, 우리의 삶을 함께한 공간이기 때문이다.

광화문과 역사를 같이한 르네상스풍 외관의 구舊 시청사가 서울도서관1926으로 전환되어 운영되고 있으며, 조선의 왕궁인 덕수궁德壽宮은 조용하고 아름답다. 세종대로를 지나는 거리 곳곳에서는 올드 타운의 흔적을 아직까지 느낄 수 있다. 또 이곳은 대국민 촛불 시위 같은 역사를 바꾼 굵직한 행동이 일어난 특별한 공간이었고, 우리를 움직이게 한 거리였다.

이처럼 광화문 주변에는 서울의 과거와 현재 그리고 역사와 문화가 조화롭게 밀집해 있다. 그래서 걷다 보면 들를 만한 장소가 참 많다. 건축가 **시저 펠리**의 교보생명 본사 사옥이 대표적이며, 프리츠커 건축상을 수상한 **렌조 피아노**의 KT광화문빌딩 East에는 지상에 조성된 녹지공원도 있다. 뱅상 코르뉴가 한국 전통 보자기 문양에서 영감을 받아 설계한 스테인드글라스 외관의 대림미술관, 일본 도쿄 포럼을 설계한 **라파엘 비뇰리**의 파격적인 종로타워도 있다. 이타미 준有東龍의 초기 설계안 갤러리 이즈IS가 인사동 화랑가 중심에 있고, 전통과 현대가 어우러지는 삼청동에는 세계적인 작가들의 전시를 주로 선보이는 플로리안 아이덴버그의 국제갤러리 K3가 있다. 광화문, 종로 지역은 크고 작은 미술관들을 1시간 거리에서 돌아볼 수 있는 곳이다.

교보생명 본사 사옥

시저 펠리

시저 펠리는 대한민국 서울에서 가장 상징적인 광화문 지역에 건축물을 설계한 세계적인 건축가이다. 그러나 세계적인 명성의 시저 펠리가 대한민국에서 교보 사옥을 설계하고 겪은 일들은 생각처럼 아름답고 명예롭지 않았다.

시저 펠리가 처음 교보 사옥 설계를 의뢰받을 당시, 건축주는 건축가의 철학적 사고와 작품성을 존중하지 않고, 자신이 일본에서 본 파격적이고 규격화된 외형의 주일 미국대사관을 그대로 모방한 카피 Copy 설계를 요청했다. 이 설계를 진행한 뒤 시저 펠리는 평생 주일 미국대사관과 광화문 교보 사옥의 외형을 비교당했고, 오랫동안 사람들 입에 오르내렸다. 그렇기에 광화문 교보 사옥은 건축가의 자존심에 상처를 준 작품이자 아쉬움을 간직하게 한 설계로, 시저 펠리 평생 가장 지우고 싶은 작품이 되었다.

시저 펠리는 처음 설계를 시작할 당시 건축물의 형태와 이미지보다는 광화문 부지가 갖는 역사적 의미와 전통성을 설계에 투영하고자 했다. 그러나 건축주 신용호 회장을 설득하지 못하고, 결국 건축주가 요구한 형태로 설계를 시작하였다. 설계가 진행되는 과정에서도 시저 펠리는 일본과 극명하게 다른 한국의 전통 환경을 의식한 듯 한국에 맞는 차별화된 설계와 디테일에 애정을 담았다. 대표적으로 1층에 있는 엄청난 크기의 아트리움 공간과 지하 대형 서점 설치가 그것이다. 이미 상당히 진행된 설계였지만, 그는 건축가의 자존심을 버리고 건축주의 요청을 과감하게 수용하였다. 이로써 공간적으로 국내 최고의 서점이라는 명성을 유지할 수 있게 되었고, 주일 미국대사관과는 기능적으로 차별화를 이룬 설계가 되었다.

시저 펠리

시저 펠리 César Pelli 는 1926년 10월 12일 남미 아르헨티나 최대 도시 산미겔데투쿠만에서 공무원이었던 아버지와 교사였던 어머니 사이에서 태어났다. 투쿠만 국립대학교에서 처음 건축을 시작했으며, 아버지의 결정으로 1952년 미국으로 이민 갔다. 1964년에 미국 시민권자가 되었고, 일리노이 주립대학교에서 건축을 다시 시작해 석사 학위까지 받았다.

시저 펠리는 미국 동북부 코네티컷주 뉴헤이븐에 있는 핀란드계 미국인 건축가 에로 사리넨 Eero Saarinen 의 건축사무소에서 처음 건축 설계 업무를 시작했다. 본사에만 100명 이상의 건축사, 디자이너, 스태프가 근무하는 제법 규모가 큰 설계사무소였다. 시저 펠리는 이곳에서 인생의 전환점을 맞이한다. 설계 업무를 통해 알게 된 조경 설계 전문가 다이애나 발모리 Diana Balmori °에게 첫눈에 반해 결혼하고 평생을 같이하게 된 것이다.

1962년, 시저 펠리는 에로 사리넨 건축사무소에서 그의 건축 실적에 가장 큰 의미를 지닌 뉴욕 존 F. 케네디 공항의 TWA 터미널 설계에 참여할 기회를 얻게 된다. 이 설계안이 중요한 이유는 오랫동안 전 세계 건축 발전을 이끄는 '모더니즘을 대표하는 건축 양식'으로 평가받기 때문이다.

1968년부터는 LA 빅터 그루엔 설계사무소 Victor Gruen Associates 로 이직한 뒤 좀 더 폭넓은 건축 세계로 한 발짝 나아가며, 이곳에서도 상당한 지위를 얻었다. 시저 펠리는

○ 다이애나 발모리는 왕성하게 활동하는 세계적인 조경 전문가로, 스페인 빌바오 미술관 프로젝트에도 참여했다. 우리나라와도 인연이 깊어서 동대문디자인플라자(DDP)의 조경 분야 심사 위원, 세종특별자치시 행정타운 계획안 조경 분야 등에 참여했다.

1. 미국 뉴욕 JFK 공항 TWA터미널 2. 뉴욕 현대미술관(MOMA)

더욱 왕성하고 적극적으로 설계를 진행하기 시작했다.

나이 50세에 이르러 자기 이름을 딴 시저 펠리 건축회사(Cesar Pelli & Associates)를 설립하고, 본격적으로 그만의 건축을 구상한다. 건축가이자 교수 그리고 미국 예일 대학교 학장으로 재직하며 진행한 프로젝트가 바로 뉴욕 현대미술관(Museum of Modern Art, MOMA) 프로젝트이다. 이를 통해 시저 펠리는 미국과 전 세계에 '스타 건축가'로 알려졌으며, 이후로 대규모 프로젝트를 자주 진행하며 부와 명성을 한 몸에 얻는다. 1991년, 미국 건축가협회(AIA)는 그를 '가장 영향력 있는 10인의 건축가' 중 한 사람으로 선정했으며, 1995년에는 금메달을 수여한다.

시저 펠리는 아내 다이애나 발모리가 사망한 지 4년이 지난 2019년 향년 92세의 나이로 세상을 떠났고, 전 세계 언론과 건축인들은 그의 업적을 떠올리며 아쉬워했다. 특히 그가 태어난 아르헨티나의 당시 대통령 마우리시오 마크리는 시저 펠리 가족에게 진심 어린 조의와 애도의 글을 남겼다. 그는 전 세계가 기억하는 건축가이자, 세계 건축사에 큰 획을 그은 건축가였다.

랜드마크

시저 펠리는 미국과 프랑스, 일본 등과 같은 선진국 도시의 랜드마크 Landmark 로 기억되는 수많은 건축물을 설계했다. 가장 선호하는 건축 재료는 금속과 유리 소재이며, 건축 외벽의 마감 처리와 건축적 디테일°을 매우 중요한 표현 요소로 생각했다.

시저 펠리의 작품 중 우리에게 가장 익숙한 건축물은 일본 도쿄 미나토구에 있는 주일 미국대사관 1972과 말레이시아 쿠알라룸푸르의 페트로나스 트윈 타워 Petronas Twin Towers, 1998 이다. 페트로나스 트윈 타워는 1992년 착공해 완공에 6년이 걸렸다. 높이 452m, 지하 5층, 지상 88층 규모로, 2003년에 준공된 타이베이 101에 자리를 넘기기 전까지 세상에서 제일 높은 건물의 칭호를 받기도 했다. 페트로나스 트윈 타워가 우리에게 특별한 이유는 일본 하자마건설과 한국 삼성물산 극동건설이 각각 공사를 책임졌고, 국가 간 자존심을 걸고 시공했기 때문이다. 특히 건축물 45층에서 두 개 층 규모의 스카이 브리지 Sky Bridge 로 건물

○ Detail, 미술품의 전체 중 한 부분을 의미하는 용어로 사용되나, 건축에서는 세부적인 의미로 주로 사용한다.

말레이시아
쿠알라룸푸르
페트로나스
트윈 타워

1. 미국 라스베이거스 아리아 리조트 2. 미국 샌프란시스코 세일즈포스 타워

과 건물 사이를 연결하는 공사에 첨단 기술을 사용하면서 더욱 유명해졌다. 이 건축물은 말레이시아 최고의 자랑거리이자 랜드마크로, 현재도 말레이시아 국민에게 자긍심을 주고 있다. 시저 펠리는 이 설계를 진행한 공로를 인정받아 아가 칸 건축상°을 수상한다.

이 외에도 영국 런던 카나리 워프 시티그룹 센터 2001, 미국 필라델피아 시라 센터 2005, 미국 라스베이거스 아리아 리조트 2009 등이 대표적이며, 그중 아리아 리조트는 객실만 4,004실이 넘는 엄청난 규모의 건축 설계였다.

미국 샌프란시스코 세일즈포스 타워 Salesforce Tower, 2018 는 시저 펠리를 본격적으로 알린 설계안이다. 지상 61층, 높이 326m, 연면적 15만㎡ 4만 5천 평 규모로, 샌프란시스코에서 가장 높은 건축물이며 시내 전체를 한눈에 조망할 수 있다. 오벨리스크°° 형태 외형이 매우 아름다운데, 잠실

○ Aga Khan Award for Architecture, 1977년 설립된 상으로 시아 이슬람 아가 칸 4세(49대)를 기념해 3년마다 건축, 도시 계획, 역사 보존, 조경 등의 분야에서 가장 뛰어난 건축물을 선정해 시상하는 건축상이다.

○○ Obelisk, 고대 이집트에서 태양을 숭배하는 상징적인 의미로 만들어진 기념비. 네모진 거대한 돌기둥으로 위쪽으로 올라갈수록 좁아지는 형태로 뾰쪽한 탑을 의미한다.

롯데타워 [2016] 와 비슷하여 우리에게 잘 알려졌다.

광화문의 역사

광화문은 조선 제 26대 왕 고종이 1868년 경복궁을 중건하면서 복원했으며, 1910년 한일 강제병합 후 조선총독부에 의해 강제로 경복궁 동쪽으로 이전된 가슴 아픈 과거를 지니고 있다.

제3공화국은 전통문화와 국민의 자존심 회복을 위해 광화문을 다시 건립하는 과정에서 초기 건립 당시와 다른 위치에 일부 자재로 콘크리트를 사용하는 치명적인 실수를 저질렀다. 이후 2008년에 이르러 제대로 된 역사적 고증과 연구를 통해 여러 번 복원 과정을 거쳐 비로소 본래의 광화문이 완성되었다.

과거 '광화문 네거리'라 불렀던 지역은 현재의 '세종대로 사거리'를 의미하며, 과거에는 광화문 앞길을 육조˚ 거리라 칭했다.

광화문은 이렇게 서울에서 가장 역사가 살아 있는 지

○ 六曹, 육조는 오늘날 행정 각부를 의미하며 이조(행정), 호조(재정), 예조(외교), 병조(군사), 형조(법무), 공조(국토 교통) 등을 의미한다.

광화문 월대

역이며, 경복궁으로 통하는 주 진입로의 역할을 담당하는 상징적 장소이다. 조선 시대에는 나라의 행정과 실질적인 업무를 수행했던 국가적 장소로 역사와 문화를 이끌어 갔고, 오랜 역사가 흐른 현재에도 여러 정부 기관이 모여 있다.

    시저 펠리가 설계한 교보 사옥이 있는 '광화문 앞길'은 대한민국의 가장 중심적 공간이다. 2023년 말에 이곳은 민주주의의 상징이자 화합의 공간으로 역할을 했으며, 비교적 최근에는 경복궁 수문에 월대°를 새롭게 조성해 드디어 광화문 찾기가 마무리되었다.

광화문 교보 사옥

광화문 교보 사옥은 1984년 완공된 건축물로 지하 4층, 지상 24층 규모이다. 교보 사옥의 가장 상징적인 특징은 지하 1층 교보 문고와 지상 1층 아트리움 공간이다. 지하 1층 공간은 건축물이 준공된 이후부터 현재까지 대한민국을 대표하는 대형 서점으로 명성을 지키고 있다. 지상 1층 실내 아트리움 정원은 일반인에게 365일 개방된 공간으로, 무려 5층 높이의 '대한민국 최초의 실내 대형 정원'이다.

이 상징적인 실내 공간은 건축주인 교보생명 신용호 회장이 오랫동안 계획을 세우고 효율적으로 사옥을 활용하고자 고민한 결과이다. 특히 지하 1층과 지상 1층, 2개의 공간을 서점과 쉼터로 조성한 것은 눈에 보이는 이윤을 추구하기보다 대한민국의 미래 발전을 위해 고민한 결과

○ 月臺. 궁궐의 정전과 같은 중요한 건물 앞에 설치하는 지면 위 넓은 기단 형식의 대(臺).

이기도 하다.

기록에 의하면 건축주 신 회장이 장래 사옥 건축을 염두에 두고 오래전부터 눈여겨보다가 매입한 곳은 철거가 예정돼 있던 전매청 KT&G의 전신 건물이었다. 부지를 매입한 후 신 회장은 우연한 기회에 일본 도쿄에 방문했다가 주일 미국대사관 건물을 보고 크게 감동한다. 그는 주일 미국대사관처럼 시대를 앞서는 독창적이고 상징적인 건축물을 대한민국 서울에 건립하고자 마음이 급해졌다.

신 회장은 당시 주일 미국대사관을 설계한 건축가를 수소문한 끝에 시저 펠리임을 알게 되었고, 그에게 정식으로 건축 설계를 의뢰하였다.

그러나 시저 펠리는 현장을 방문한 뒤 그가 의뢰받은 건립 위치가 종로의 상징 광화문 앞이며, 주변에 보신각과 대한민국 고종 즉위 40년 기념비가 위치한 역사적이고 상징적인 장소라는 점을 확인하고 고려하였다. 그리하여 일본에 설계한 주일 미국대사관과는 다른 '한국적 전통 요소를 반영한 설계안'을 제안했다.

그러나 신 회장은 일본에서 봤던 참신했던 건물을 머릿속에서 지우고 싶지 않았다. 이런 그에게 시저 펠리가

1. 일본 도쿄 주일 미국대사관 2. 광화문 교보생명 본사 사옥

제안한 한국적 정서와 주변 전통 환경의 반영은 고려 대상이 되지 못했다. 이후로도 설계가 진행되는 과정에서 시저 펠리는 다시 한번 의견을 제안했으나 신 회장을 설득할 수 없었다. 이후 그는 건축주의 의견에 따라 설계^{엄이건축연구소 협업}를 진행했다. 건축주 신 회장은 주일 미국대사관 입면과 같은 형태의 설계에 만족감을 보였다. 그리고 계획대로 설계가 진행되어 순조롭게 건물을 시공하였다.

건축주의 실수

이후 신 회장은 치명적이고 결정적인 실수를 저질렀다. 전국에 서울 교보 사옥과 동일한 외형을 가진 교보 건축물을 세우기로 한 것이다. 특히 설계자 시저 펠리의 사전 동의 없이 일방적으로 진행하여 더욱 문제가 되었으며, 이후 신 회장은 시저 펠리와 설계에 대한 저작권 소송까지 해야 했다.

모방 설계를 진행한 건축주 신 회장보다 더 많은 비판을 받은 것은 건축가 시저 펠리였다. 그는 광화문 교보 사옥이 건립된 후로도 건축에 조금이라도 관심을 가진 일반인의 냉정한 평가를 감수해야만 했다. 치욕스러운 비평을 받은 시저 펠리는 스스로 설계를 진행한 것을 오점으로 생각했다. 결과적으로 신 회장은 대한민국 방방곳곳에서 교보 사옥의 인지성을 높이려는 의도는 성공하였으나, 지역적 특성과 독창성을 무시했다는 비판은 더욱 커졌다.

이런 아픈 사연을 가지고 있지만, 많은 사람이 변함없이 사랑하고 있으며, 광화문을 상징하는 대표 건축물임에는 이견이 없다.

시저 펠리는 광화문 교보 사옥의 온갖 비평과 복제 설계라는 오점을 의식했는지, 향후 본인의 설계 이력과 포트폴리오에 광화문 사옥의 설계 흔적을 기록하지 않았다. 그러나 이후에도 시저 펠리에 대한 냉정한 평가는 계속되었다. 대한민국을 대표하는 출판사와 신문사에서 우리나라 최고와 최악의 건축물 순위를 정했는데, 여기서 광화문 교보 사옥은 최악의 건축물 11위에 등재되는 수모를 겪었다. 이 잡지에서는 시저 펠리 이외에도 라파엘 비뇰리의 종로타워[3위]와 자하 하디드의 동대문디자인플라자[5위] 등을 순위에 올렸다.

신 회장은 설계를 미리 선정하여 추진한 것과 마찬가지로 공사를 진행할 시공업체도 빠르게 결정했다. 국내

1, 2, 3. 교보 사옥 4. 내부 아트리움 5. 신용호 회장 흉상

건축가 100인이 뽑은
우리나라 최고BEST와 최악WORST의 건축물

2013년 동아일보와 건축 전문잡지 〈공간〉은 건축 전문가 100인에게 설문 조사를 하여 대한민국 최고와 최악의 건축물을 선정했다. 가장 불명예스러운 건축물에 오른 1위는 국내 건축가 유걸의 서울시청사이다.

최고의 건축물 20선

1. 공간 사옥 — 김수근(1977)
2. 프랑스 대사관 — 김중업(1962)
3. 선유도 — 조성룡, 정영선(2002)
4. 경동교회 — 김수근(1981)
5. 쌈지길 — 최문규(2004)
6. 절두산 순교성지 — 이희태(1967)
7. 이화캠퍼스 복합단지 — 도미니크 페로(2008)
8. 다음 스페이스 — 조민석, 박기수(2011)
9. 환기미술관 — 우규승(1994)
10. 웰콤시티 — 승효상, 플로리안 베이겔(2000)
11. 리움미술관 — 마리오 보타, 장 누벨, 렘 콜하스(2004)
12. 삼일 빌딩 — 김중업(1970)
13. 어반 하이브 — 김인철(2008)
14. 꿈마루 — 조성룡(2011)
15. 포도 호텔 — 이타미 준(2001)
16. 미메시스 뮤지엄 — 알바루 시자, 김준성(2010)
17. 의재미술관 — 조성룡, 김종규(2001)
18. 윤동주 문학관 — 이소진(2012)
19. 수졸당 — 승효상(1993)
20. 인천공항 — C.W.Fentress J.H.BRADBURN &Associates, McCLIER Corp, KBHJW컨소시엄(2008)

최악의 건축물 20선

1. 서울시청사 — 유걸(2012)
2. 예술의 전당 — 김석철(1993)
3. 종로타워 — 라파엘 비뇰리(1999)
4. 새빛 둥둥섬 — 해안(2011)
5. 동대문디자인플라자 — 자하 하디드(2014)
6. 국회 의사당 — 김정수, 이광노, 안영배(1981)
7. 청와대 — 김정식
8. 용산구청사 — 공간(2010)
9. 타워 팰리스 — 삼우, SIA, SOM(2002)
10. 중앙 우체국 — 공간, 희림, 한길(2008)
11. 교보생명 본사 사옥 — 시저 펠리(1981)
12. 독립기념관 — 김기웅(1987)
13. 아이파크 타워 — 다니엘 리베스킨트(2005)
14. 광화문 광장 — 서안, 삼우(2009)
15. 국립민속박물관 — 강봉진(1968)
16. 강남 을지병원 — 차영호(2009)
17. 국립중앙박물관 — 박승홍(2005)
18. 세운상가 — 김수근(1968)
19. 전주시청사 — 김기웅(1981)
20. 충현교회 — 최환, 최동규(1988)

건설회사 중에 평소에 눈여겨보던 대우건설 대표 김우중 을 선택해 1977년에 착공했다.

본격적으로 공사를 시작했지만, 건축주 신 회장은 생각지도 못했던 새로운 문제에 직면해야 했다. 건립 높이가 문제였다. 처음에는 당시 건축법상으로 가능한 40층 높이로 구상했으나, 인허가를 진행하는 과정에서 주변의 역사, 문화적인 환경을 고려해 절반 정도인 24층으로 결정되었다. 또 공사를 진행하는 도중, 교보 사옥 높이가 대통령 신변을 위협할 수 있다는 경호상의 문제를 들어 당시 대통령 경호실장 차지철 이 공사 중단 및 17층 이하로의 추가 축소를 요구했다. 이런 요구는 지금에야 있을 수 없는 일이지만, 당시 건축주 입장에서는 건축물 건립을 반대하는 것과 같은 의미였다. 이에 신 회장은 청와대에 국가가 기업의 자유를 부당하게 침해한다며 강하게 항의하고, 직접 박정희 전 대통령에게 편지를 쓴 끝에 교보 사옥을 예정대로 준공할 수 있었다.

또 다른 문제는 사옥의 외형이었다. 전면이 적색 외장과 유리가 반복적으로 시공되어 시각적으로 안정감을 느낄 수 있었으나, 역시 청와대에서는 경호상의 문제를 거론했다. 결국 건축물의 측면 2개소는 따스한 빛을 조망할 수 없는 벽체로 시공되어야만 했다. 해당 부분은 2010년이 되어서 시저 펠리가 처음 설계했던 형태와 같이 측면부로 넓고 시원한 청계광장이 바라보이도록 리모델링하였다.

> 건축물 소개

교보생명 본사 사옥
시저 펠리

건축가 소개

이름	시저 펠리(César Pelli)
생몰	1926~2019년, 아르헨티나, 미국
대표 작품	말레이시아 페트로나스 타워(1998), 일본 주미대사관(1972)
국내 작품	교보생명 본사 사옥(1981)
수상 경력	AIA 금메달(1995)

건축 개요

이름	교보생명 본사 사옥
주소	서울 종로구 종로 1
소유주	교보생명
용도	업무 시설
설계사무소	엄이건축설계사무소
시공사	대우건설
외부 마감	유리, 외장 패널

운영 안내

관람 시간	09:00~21:00
입장료	무료
연락처	02-2210-2222

대중교통

지하철	광화문(5) 4번 출구
광역버스	9703, 9714, M7119, M7106, M7111, 9709, 9710, 9701, 2500
간선버스	700, 707, 602, 703, 600, N26, N37, 101, 710, 273
지선버스	7019, 7212, 1020, 1711, 7016, 7018, 7022, 7017, 7021, 7025

KT광화문빌딩 East

렌조 피아노

프랑스 파리를 여행한 사람이라면 '파리 3대 미술관' 중 한 곳을 다녀온 경험이 있을 것이다. 세계 최대 미술관인 루브르 박물관, 기차역을 리노베이션하여 개관한 오르세 미술관, 현대미술의 중심지 퐁피두 센터 등은 오랫동안 아름다운 추억을 기억하게 한다. 특히 굳이 방문하지 않았더라도 한 번 정도는 각종 파이프가 외부에 노출된 기이한 외형의 퐁피두 센터를 보았을 것이다. 이 퐁피두 센터를 설계한 이가 바로 '빛의 건축가'라 불리는 렌조 피아노이다.

대한민국 서울 한복판에도 그의 프로젝트가 존재한다. 퐁피두 센터와는 전혀 다른 모습의, 새로운 렌조 피아노의 설계안이 광화문에 건립되어 있다. KT광화문빌딩 East가 그의 작품으로, 렌조 피아노가 오랫동안 추구해 온 지속 가능한 건축, 가벼움과 경쾌함, 개방성과 투명성을 100% 구현해 완성한 결과물이다. 높은 필로티와 노출콘크리트° 기둥으로 개방성을 표현하고, 열린 조경 공

○ Exposed Concrete, 콘크리트 표면에 별도 마감을 하지 않고 거푸집을 떼어 낸 콘크리트 자체의 색상 및 질감 그대로 마감하는 시공 형태. 정밀한 작업 준비와 작업자의 특별한 품질 관리가 필요하며, 일반 공법보다 공사 기간이 길다.

간을 실제로 개방하여 도시 풍경과 주변 공간을 대중에게 제공하는 공공성을 보여 준 상징적인 건축물이다.

건축주 KT는 '지역적 상징성'과 기업의 '브랜드 가치'를 중요하게 생각하여 건축물 건립을 통해 역사 및 광장과 소통한다는 핵심 가치를 추구했다. 렌조 피아노는 이런 가치를 반영해 처음부터 공공성을 극대화한 설계를 진행했다.

렌조 피아노

건축가 렌조 피아노 Renzo Piano 는 1937년 이탈리아 제노바에서 태어났다. 할아버지 카를로 피아노가 건축 석재 사업을 가업으로 삼은 영향인지, 렌조 피아노는 건축에 쉽게 친숙할 수 있었다. 그의 가문은 제1차 세계 대전을 피할 수 없었지만, 오히려 전후 복구로 건축 자재 판매가 늘면서 유복하고 행복하게 생활할 수 있었다.

그 덕분에 렌조 피아노는 밀라노 공과대학교와 피렌체 대학교에서 건축 공부에 집중할 수 있었으며, 특히 그가 좋아하는 실험적인 건축 연구와 체계적인 설계 업무를 다양하게 경험했다. 또 1965년부터 1968년까지 이탈리아 밀라노 폴리테크닉 대학교에서 학생을 가르치기도 했다.

1968년부터 1970년까지 렌조 피아노는 20세기 최고의 건축가 중 한 사람인 루이스 칸° 사무소에 재직하면서 건축적 사고와 스스로의 건축에 대한 이론 정립을 고민했다. 그러던 중 그의 첫 프로젝트를 설계할 수 있게 되었다. 1970년 일본 오사카 엑스포 '이탈리아 산업관'이 그것으로, 렌조 피아노는 당시 생소했던 강철과 강화 폴리에스터 ^유리섬유 자재를 이용한 독창적인 설계를 제안했다.

영국의 유명한 건축가 리처드 로저스 ^Richard Rogers 는 렌조 피아노의 건축적 잠재력에 관심을 보였고, 이를 계기로 두 건축 거장은 1971년부터 1977년까지 6년간 공동 사무소 ^Renzo Piano & Richard Rogers 를 운영하며 서로를 존중하고 건축적으로 발전했다.

1981년, 렌조 피아노는 자기 이름을 건 설계사무소 RPBW ^Renzo Piano Building Workshop 를 이탈리아 제노바에서 개업했다. 그는 설계에 가장 중요한 요소로 '팀워크와 협력'을 강조하며 설계에 매진했다.

○ Louis kahn, '모더니즘 건축의 거장'으로 불리는 미국의 건축가로, 미국 샌디에이고 솔크 연구소를 설계했다. AIA 금메달(1971)과 RIBA 금메달(1972)을 수상했다.

하이테크와 친환경

렌조 피아노의 설계 프로젝트 중 가장 의미 있는 작품은 1973년 완공된 이탈리아 가구 회사 비앤비 이탈리아 B&B Italia 사옥으로, 렌조 피아노의 가장 중요한 프로젝트이자 대표적인 초기 작품으로 손꼽힌다. 그는 이 프로젝트를 통해 향후 자신의 설계 개념과 방향을 정립할 수 있었다. 또 자신의 독창적인 기술을 예술성으로 더욱 발전시키는 계기를 마련한다.

비앤비 이탈리아 사옥의 대표적인 특징은 외부에 난방 및 물이 흐르는 설비 파이프 관을 설치하고, 각각 기능에 맞는 색상 파란색, 빨간색 및 노란색으로 표현한 것이다. 이런 파격적이고 실험적인 시도는 당시 사람들이 기능적, 심미적 중요성을 인식하는 계기가 되었다.

렌조 피아노는 이후로도 프로젝트마다 다양한 설계를 시도해 '혁신적 설계와 구조적 기술 제안'의 공로를 인정받아 1989년 영국 왕립건축가협회가 수여하는 스털링상°을 수상했다. 1990년에는 일본 교토상°°, 1998년에는 건축계의 노벨상으로 불리는 프리츠커 건축상까지 수상하는 영예를 얻었다. 2006년, 〈타임〉은 그를 '전 세계에서 가장 영향력 있는 100인' 중 한 명으로 선정하기도 했다. 2008년에는 미국 건축가협회 American Institute of Architects, AIA 금메달, 유럽에서 가장 큰 공로를 이룬 사람에게 수여하는 소닝상°°°을 동시에 수상하는 영예를 얻었다.

건축을 하는 사람들은 렌조 피아노를 '하이테크 건축의 대가'로 부르며 존경한다. 그는 기존 관습에 의한 설계만을 추구하지 않고, 새로운 건축 세계를 개척하며 혁신적인 구조와 기술, 재료에 관한 실험을 두려워하지 않았다. 과거에 시도되지 않았던 실험적이고 다양한 기술의 접목에 평생을 전념했으며, 독창적인 건축 색채와 설계 방식으로 세계적인 명성을 쌓았다. 그리고 그를 원하는 모든 국가에 다양하고 아름다운 건축물을 건립했다.

렌조 피아노는 '하이테크 건축가' 외에 '친환경 건축가'라는 이미지도 갖고 있다. 그는 평소에도 산업 환경의 문

○   RIBA Stirling Prize, 1996년 제정된 상으로, 영국 또는 EU에 있는 건축물을 설계한 건축가에게 수여한다.

○○   1984년부터 일본 이나모리 재단이 수여하기 시작한 국제적인 상. 과학, 기술, 문화에 공적이 있는 사람에게 수여한다.

○○○ Sonning Prize, 1950년 수여를 시작한 덴마크 문화상. 2년마다 유럽 문화에 탁월한 공헌이 있는 사람에게 수여한다.

1. 프랑스 파리 퐁피두 센터 2. 외부로 노출된 설비 시설

제점을 건축으로 해결하려 노력했기에 새로운 기술을 적용한 사례가 특히 많았다. 그는 설계에 '개방감과 투명성'을 반영하는 것을 무척 좋아하였으며, 사람들이 쾌적한 공간 환경에서 생활하게 하고자 했다. 이렇게 친환경적 요소를 건축에 적용하려는 시도들은 자연의 빛을 이용한 조화로운 공간으로 구현되었다.

렌조 피아노를 전 세계에 알린 결정적인 설계 프로젝

트는 프랑스 파리 퐁피두 센터이다. 1971년, 프랑스에서 국제 설계 공모전이 개최됐는데, 이를 통해 33세의 두 젊은 건축가 렌조 피아노와 리처드 로저스가 자신의 이름을 세상에 드러냈다. 퐁피두 센터를 처음 대면한 〈뉴욕 타임스〉는 파격적이고 기이한 외형을 평가하며, 두 사람이 건축 세계를 거꾸로 뒤집어 놓았다고 보도하며 충격을 전달했다.

퐁피두 센터가 준공된 뒤 프랑스 사람들은 '몸 안의 창자가 몸 밖으로 튀어나온 것처럼 파격적인 건축 형태'라며, 과거 에펠 탑 때와 마찬가지로 엄청나게 비난했다. 이런 평가의 이유는 건축 공간을 기능별로 구획하여 복도와 설비 등은 바깥쪽에 배치하고, 내부 공간을 효율적으로 사용하도록 구성했기 때문이다. 건축가들은 외부로 노출된 설비 배관들을 색상[물-청색, 공기-녹색, 전기-황색, 엘리베이터와 에스컬레이터-적색]으로 구분해 디자인적으로 차별화하여 관리하기 쉽게 표현했다. 건축 설비 요소를 파격적으로 노출한 대담한 이미지, 내부 공간의 변경이 가능한 자유로운 설계안은 퐁피두 센터를 복합적으로 활용할 수 있는 개념을 제시했다.

이후로도 렌조 피아노의 차별화되고 혁신적인 설계는 계속되었다. 일본 간사이 국제공항 제1터미널[1994], 미국 뉴욕 타임스 빌딩[2008]과 뉴욕 휘트니 미술관 신관[2015], 영국 런던 더 샤드[2015], 미국 텍사스 킴벨 아트 뮤지엄 별관[2013] 등을 설계했다. 비교적 최근에는 뉴칼레도니아 치바우 문화센터[2018] 등과 같은 굵직굵직한 설계를 진행했다.

간사이 국제공항 설계안은 렌조 피아노가 추구하는 친

환경 설계의 대표적 사례이다. 자연환경 보존과 소음 공해 방지를 위한 국제 설계 공모 프로젝트로 진행됐으며, 오사카만에 인공섬으로 조성되었다. 기존에 오사카와 교토, 고베 지역 등의 공항 역할을 담당한 이타미 공항이 있었으나, 증가하는 비행기 수요를 감당하지 못해 바다를 메워 인공섬을 새롭게 조성한 것이다. 간사이 국제공항은 개항 후 성공적인 평가를 받았으며, 한때 '세계에서 가장 아름다운 공항 중 하나'로 선정되었다. 그러나 최근에는 매립지 침하와 구조물의 균열 결함 등 문제점이 발생하고 있다.

2007년 준공된 뉴욕 타임스 사옥은 미국 맨해튼 타임스퀘어 근처의 프로젝트로, 건립 높이 319m, 지상 59층의 건축 규모를 자랑한다. 이 프로젝트는 외부에서 건물 내부가 보이는 설계로, 초기에는 내부 근무자의 프라이버시가 철저하게 침해되는 잘못된 설계안이라고 비판받았다. 그러나 렌조 피아노는 '언론사의 투명성'을 친환경적 설계 언어와 이미지로 표현했다며, 이와 같은 우려를 설득했다. 당시 이 설계안에 전 세계가 주목한 이유는, 렌조 피아노가 프랭크 게리나 노먼 포스터 같은 검증된 유명

1. 일본 오사카 간사이 국제공항 2. 뉴칼레도니아 치바우 문화센터

한 건축가를 제치고 설계 공모전에서 당선되었기 때문이다. 뉴욕 타임즈 사옥은 렌조 피아노의 친환경 설계 방향을 이해할 수 있는 대표적인 건축물로, 빛과 날씨에 의해 건물 외부 색상이 변하며 건축물 전체의 투명성을 강조했다. 건축물 외부는 유리 커튼 월과 눈부심을 차단하는 도자기 막대 Ceramic rods 를 36만 개 이상 사용하는 더블 스킨 구조로 설계했다. 이 시설물은 에너지 절감을 위해 광센

서 빛 제어 시스템, 차양 롤 시스템, 감지 센서 등을 활용했다. 모든 설계 요소가 투명하고 '자연처럼 숨 쉬는 빌딩'이라 평가받았으며, 주요 자재의 95%를 재활용 자재로 이용해 '친환경 건물'로 인정받았다.

  치바우 문화센터 Tjibaou cultural center 는 렌조 피아노에게 프

○ Double Skin, 이중 외피 공법이라 불리는 시공 방식으로, 2개 이상의 자재 및 구조를 통해 외부를 마감하는 건축 시공 방식.

리츠커 건축상[1998]을 안겨 준 혁신적인 설계 개념을 가진 프로젝트이다. '세계 5대 건축물'에 뽑힐 정도로 아름다운 건축물인데, 이 설계를 위해 뉴칼레도니아에서 흔한 조개 껍데기와 전통 가옥 카즈 Case를 모티브로 삼아 10개의 건축 구조물을 주요 설계 요소로 구현했다. 건물 중 3개는 거대하고, 7개는 작은 규모로 변화감 있게 조성하였다. 또 지진과 태풍에 완벽하게 대처하기 위해 다양한 첨단 기술을 사용하고, 냉난방과 공기 순환 등도 친환경적으로 적용했다.

대한민국과의 인연

렌조 피아노는 서울에서도 2개의 대규모 프로젝트를 진행했다. 일반인에게는 다소 생소하지만 용산 국제업무단지 내 초고층 빌딩인 트리플 원과 KT광화문빌딩 East가 그것이다.

한동안 용산 국제업무단지는 단군 이래 최대 규모의 개발 프로젝트였다. 용산역 차량 사업소와 주변 지역을 재개발하는 것으로, 전체 면적만 약 49만 3천㎡ 규모였다. 렌조 피아노가 설계에 참여한 트리플 원은 지하 9층,

지상 111층^{높이 620m} 규모의 메인 타워로 계획했으나, 아쉽게도 글로벌 금융 위기로 프로젝트가 중단되었다.

또 하나의 프로젝트는 KT광화문빌딩 East로, 세종대로에서 한눈에 보이는 큰 외형을 자랑하는 건축물이다. 이 건축물이 위치한 청진동 일대는 성스러운 거북이 물을 마시는 곳 靈龜飮水形으로 불리던, 사람들이 모이는 열린 공간이었다. 조선 시대에는 고위 관료와 부유한 상인 계층이 선호했던 거주지였으며, 주변에 의금부^{범죄를 다루던 사법 기관}와 수진궁^{제사를 관리하던 궁가}, 사복시^{왕이 타는 말을 관리하던 관청} 등 관영 시설이 있었다. 역사적으로 상당한 의미가 있는 곳이지만, 지금은 고층 건물이 가득하여 과거의 모습을 보기가 쉽지 않다. 아울러 최근 새롭게 리뉴얼이 진행된 KT 서관 부지는 1885년^{고종 22년} 대한민국 통신 역사를 알리는 한성전보총국이 개국한 자리로, KT의 전신이라는 상징성이 있다.

KT광화문빌딩 East

건축주 KT는 상징적인 광화문 지역에서 기업을 알릴 수 있는 랜드마크를 조성하기 위해 체계적인 마스터플랜을 수립하고, 해외 유명 건축가와 대표적인 건축사무소

1, 2. 광화문 KT 동관과 서관 전경 3, 4. 커튼 월 외형과 노출콘크리트 필로티

12곳을 지명했다. 당시 초청된 곳으로는 우리에게 익숙한 애플 신사옥을 설계한 노먼 포스터의 포스터 앤드 파트너스 Foster+Partners, 베이징 CCTV 본사를 설계한 렘 콜하스의 OMA, 삼성동 현대 아이파크 타워를 설계한 다니엘 리베스킨트, 서초 삼성타운을 설계한 KPF 등이다. 이들은 각기 다른 설계 방향과 해석을 통해 다양한 프로젝트를 제안하였고, 최종적으로 렌조 피아노가 선택됐다.

KT 동관은 연면적 5만 1,171㎡ 1만 5,500평, 지하 6층, 지상 25층 규모의 고층 건물로 설계 삼우종합건축 협업 되었다. 이 설계안의 가장 큰 특징은 렌조 피아노가 오랫동안 추구해 온 '지속 가능한 건축, 친환경적 공간 활용의 설계 개념을 집약하고 표현한 건축물'이라는 점이다. 건축주 KT는 지상 1층 공간의 수익을 포기하고 오픈 스페이스°개념을 도입하여 외부를 도심 속 녹지 공간으로 조성해 지역 시민과 교감할 수있는 설계를 채택했다. 조경 공간을 개방하는 설계는 광화문 광장과의 연계를 통해 녹지 공간을 일반 시민에게 제안하는 도심 건축의 모범적인 사례이다.

○ Open Space, 건물, 구조물 등이 많지 않고, 대부분 면적이 건물이 없는 부지로 유지되는 토지. 주로 녹지 공간(공원, 녹지)의 개념으로 사용된다.

KT 동관은 2년 6개월의 설계 기간과 3년의 시공 기간을 합쳐 5년이라는 적지 않은 시간을 들여 완성됐다. 당시 시공사 GS건설은 렌조 피아노가 설계 개념으로 제시한 대로, '공중에 떠 있는 것처럼 가볍게' 표현하기 위해 다양한 건축 자재 샘플을 수없이 검토하였고, 엄격한 시험 절차를 통해 공사를 진행했다. 외형은 무겁지 않고, 밝고 편안한 느낌을 주고자 노출콘크리트로 마무리했다. 주 출입구와 캐노피, 11.5m의 높은 필로티°°, 원형 기둥 등 모든 구조물은 통일감 있게 시공해 개방성을 확보하였다.

  시공사 관계자의 말에 의하면, 렌조 피아노는 공사가 진행되는 중에도 설계하면서 미처 생각하지 못했던 아쉬운 부분이 발생하면 건축가의 자존심을 버리고 기술인들과 진솔하게 다시 검토하고, 제안하여 후회 없는 시공을 할 수 있었다고 한다. 그만큼 이 설계에 대한 건축가의 애정은 특별했다.

  KT 동관 공사가 진행되는 과정에서 가장 큰 어려움은 지하 공간을 굴착하다가 발견한 조선 시대 집터 유구遺構

°° pilotis, 벽면 없이 기둥으로 지탱하는 공간.

1, 2. KT 동관 출입구 주변 3. 공개 공지 4. 조선 시대 집터 보존 장소 5, 6. KT 동관 조경 시설

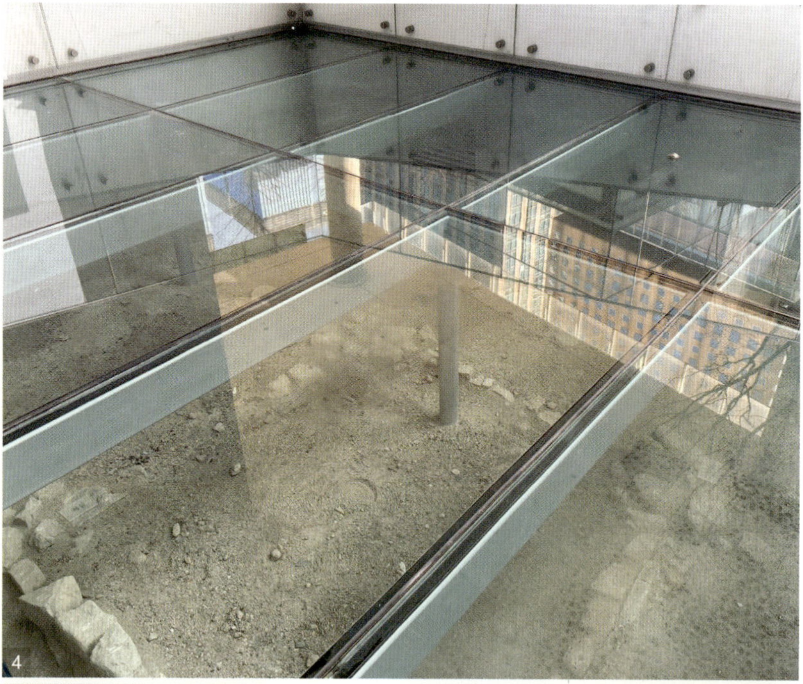

처리 문제였다. 국가의 오랜 역사를 보존해야 할 필요성과 공사 기간 지연으로 인한 비용 증가 등 현실적인 문제가 생겼다. 이를 염려한 건축주와 시공사는 오랜 협의와 검토를 통해 KT 부지의 역사 가치를 보존하기 위해 문화재가 발견된 지하 1층 공간에 별도의 전시관으로 건립하는 방안을 결정했다. 이로써 발굴된 1,089점의 유물을 영구히 전시 및 보존할 수 있었고, 시공과 추가 비용을 최소화하여 성공적으로 공사를 마무리했다.

서관은 렌조 피아노가 먼저 설계한 동관과 동일한 설계 개념과 입면 디자인으로 건립되었으며, 동관보다 10층 낮은 지하 3층, 지상 15층, 연면적 7만 3천㎡ 규모이다.

> 건축물 소개

KT광화문빌딩 East
렌조 피아노

건축가 소개

이름	렌조 피아노(Renzo Piano)
출생	1937년, 이탈리아
대표 작품	퐁피두 센터(1977), 뉴욕 타임스 사옥(2007), 간사이 국제공항(1994)
국내 작품	KT광화문빌딩 East(2015)
수상 경력	프리츠커상(1998), RIBA 금메달(1989), AIA 금메달(2008)

건축 개요

이름	KT광화문빌딩 East
주소	서울특별시 종로구 종로3길33
소유주	KT
용도	업무 시설
설계사무소	삼우종합건축사사무소
시공사	GS건설
외부 마감	커튼 월 유리, 노출콘크리트

운영 안내

관람 시간	09:00~21:00
입장료	무료
연락처	1588-0010

대중교통

지하철	종각(1) 1번 출구, 광화문(5) 3번 출구
광역버스	9703, 9714, M7119, M7106, M7111, 9709, 9710, 9701, 2500
간선버스	700, 707, 602, 703, 600, N26, N37, 101, 710, 273
지선버스	7019, 7212, 1020, 1711, 7016, 7018, 7022, 7017, 7021, 7025

종로타워
라파엘 비뇰리

종각역 주변을 지나간 경험이 있다면, 주변 건물과는 확연하게 구분되는 독특한 형상의 종로타워가 기억날 것이다. 이 건축물은 1999년 '서울을 가장 대표하는 첨단 하이테크 건축물'로 평가받았으며, 지상 24층과 33층 사이에 비워진 약 30m의 공간과 독창적인 입면으로 신선한 충격을 보여 준 건축물이다. 당시 종로의 무표정한 주변 환경과 비슷한 형태의 건축물 사이에서 종로타워는 서울을 대표하는 차별화된 건축물이었으며, 라파엘 비뇰리의 예술적인 제안으로 서울을 다시 한번 바라볼 수 있게 했다.

사실 종로타워는 외형상으로 홍콩 HSBC은행 빌딩 노먼 포스터의 개방형 아트리움, 홍콩 리펄스 베이의 드래곤 게이트 용이 지나가는 구멍이 있는 건물 건축물 형태와 비교적 유사하다. 그러나 드래곤 게이트는 주변 산에 살고 있는 용이 물을 마시러 가는 길목에 건물을 건립했다는 중국인의 발 빠른 재치로 정당성을 해결한 방면, 종로타워는 건립 과정에 대한 설명과 재치가 부족해서였는지, 2013년에는 해방 이후 '최악의 건물 랭킹 3위'에 오르는 등 온갖 불명예와 비판을 감수해야 했다.

그러나 지역적으로 종로타워 건물은 유동 인구가 많은 지하철 1호선 종각역과 지하가 직접 연결되어 있다 보니, 어느덧 사람들에게 익숙하고 친근한 건축물이 되었다. 이후 프랑스 파리 사람들이 에펠 탑을 바라보는 것처럼, 서울 지역에서 대체할 수 없이 익숙해진 '종로의 대표적 랜드마크'가 되었다.

라파엘 비뇰리

라파엘 비뇰리 Rafael Viñoly 는 1944년 우루과이 수도 몬테비데오에서 태어났다. 라파엘 비뇰리의 아버지는 영화와 연극을 제작하는 감독이었고, 어머니는 수학 교사였다. 그의 가족은 아버지의 자유로운 직업 때문에 어린 시절 우루과이를 떠나 중남미 곳곳을 여행했고, 한동안 아르헨티나에서 생활하기도 했다.

라파엘 비뇰리는 대학 입학 전까지 음악에 특별한 감성과 재능을 가지고 있었다. 그가 건축을 직업으로 선택한 이유도 건축과 예술에 공통점이 있으며, 평생 예술 활동을 유지할 수 있다는 장점 때문이었다. 라파엘 비뇰리는 1968년 아르헨티나 최고 대학인 부에노스아이레스 대학교 건축학과에 입학했고, 재학 중인 1964년 여섯 명의 동료들과 생애 첫 번째 건축 스튜디오를 설립했다. 이후로 설계 활동에 애착을 보였으며, 대학 졸업 후에는 건축 및 도시주의 건축학으로 석사 학위[1969]를 받았다.

1978년 라파엘 비뇰리와 가족 모두 미국으로 이주한다. 그는 하버드 대학교 디자인대학원 초청 강사로 있었으며, 1년 후인 1979년에는 미국 뉴욕에서 영주권 취득하고 본격적으로 미국에서의 설계를 시작한다. 그리고 이곳에서 평소 자신과 같은 사고와 미학적 감성을 지닌 인테리어 디자이너 다이애나[Diana]와 결혼한다. 1983년에는 자신의 이름을 딴 라파엘 비뇰리 건축사무소[Rafael Viñoly Architects]를 설립하고, 뉴욕과 시카고, 런던, 맨체스터, 아부다비, 부에노스아이레스 등으로 사무실을 확장했다.

라파엘 비뇰리는 세계 각국에 '차별화된 공간 구성과 독특하고 파격적인 디자인' 등을 제안하며 '건축계의 기능주의자'라는 재치 넘치는 예칭을 가지게 된다. 우리나라와는 1999년 서울 종로타워를 설계하며 인연을 맺었지만, 아쉽게도 이 프로젝트가 한국에서의 처음이자 마지막 프로젝트였다.

건축계의 기능주의자

라파엘 비뇰리의 생애 첫 프로젝트는 미국 뉴욕 존 제이 형사사법대학[1988] 건축 설계였다. 이듬해인 1989년에는 일본 도쿄 국제 포럼 디자인 공모전에서 우승하면서 무명에 가까웠던 그의 이름을 본격적으로 세상에 알렸다. 1997년 도쿄 국제 포럼 건축물이 완공된 후, 이 건축물은 건축하는 사람들이라면 한 번은 방문하는 필수 코스가 되었다.

라파엘 비뇰리는 이 설계안을 계기로 아르헨티나 코넥스[Conex] 재단이 수여하는 상[1992], 뉴욕 건축학부 메달 오브 아너 상[1995], 영국 왕립건축가협회 국제 펠로 우수상[2006] 등을 수상했다. 이 외에도 미국 건축가협회[AIA], 영국 왕립건축가협회[RIBA], 일본 건축가협회[JIA] 회원으로 명성을 떨쳤는데, 이는 40년이 넘도록 해외에서 다양한 프로젝트를 수행하게 되는 원동력이 되었다. 대표적인 프로젝트로 런던 배터시 발전소 재개발 계획안[2008], 우루과이 카라스코 국제공항[2009], 캘리포니아 대학 줄기세포 건물[2011], 영국 런던 워키토키 빌딩[2015] 등이 있다.

라파엘 비뇰리를 세계에 알린 도쿄 포럼[Tokyo Forum]은 '근

미국 뉴욕 존 제이 형사사법대학

육질 외형의 강철 구조와 부드러운 곡선 모양의 유리'로 도쿄의 랜드마크가 되어 전 세계에 그를 각인시켰다. 이 창의적인 건축물은 지하 3층, 지상 11층 규모의 거대한 유리 건축물이며, 현재도 국제회의와 이벤트 개최 등을 목적으로 운영되고 있다. 더구나 도쿄의 대표적인 공공 종합문화시설로, 전시 공간 외에도 레스토랑과 각종 편의

일본 도쿄 포럼

시설이 완벽하게 갖추어져 있다. 길이 225m, 높이 60m의 아트리움인 글라스 홀 Glass Hall 이 매우 아름다우며, 배가 머리 위에 떠 있는 듯 보이는 유선형 지붕 트러스 구조와 전면 유리창의 상징적인 곡선으로 '가장 큰 유리 구조물'이라는 수식어가 붙었다. 또 야간에 조명에 비춰 반사되는 형상은 보는 이들에게 몽환적인 느낌을 준다.

런던 사람에게 생소한 외형과 160m라는 엄청난 높이를 자랑하는 워키토키 빌딩은 영국 런던에서 가장 민원을 많이 발생시킨 건축물이다. 워키토키라는 별명은 상부층으로 올라갈수록 더욱 규모가 커지는 불안정한 외형 때문에 붙었다. 건물 입면 모양이 마치 우리나라의 밥주걱 형태를 떠올리게 하며 외관이 유리로 마감돼 있는데, 이 특이한 외형이 햇빛을 집중시켜 주차된 차량을 손상시키거나 주변 상점의 도색을 녹이기도 했다. 또 건물 주변으로 사람을 넘어뜨릴 정도의 강한 돌풍을 발생시켜 비난을 받는 등 '영국 최악의 건축물'로 선정되기도 했다.

라파엘 비뇰리가 2014년 우루과이에 제안한 라구나 가르손 다리 Laguna Garzón Bridge 는 건축물이 아닌 토목 설계로, 이전 설계와는 전혀 다른 '아름다움의 극치'를 보여 주었으

1. 영국 런던 워키토키 빌딩 2. 우루과이 라구나 가르손 다리 3. 미국 뉴욕 432 파크 애비뉴

며, 이후로도 창의적인 건축물을 지속하여 제안했다.

비교적 최근에 건립한 건물 중 하나는 미국 뉴욕 432 파크 애비뉴[432 Park Avenue]이다. 2015년 완공된 젓가락 모양 건축물로, 104세대가 거주할 수 있다. 높이 425m 지하 3층, 지상 85층 규모이며, 격자무늬 입면 전체가 노출콘크리트로 시공되었다. 뉴욕에서 다섯 번째로 높은 건축물이며, 라파엘 비뇰리의 독특하고 고급스러운 건축 감성과 형태를 느낄 수 있다. 이 건축물은 초현대식 건축이었지만, 누수와 실내 소음, 승강기 정지 등 크고 작은 문제로 최악의 건축물로 회자되기도 했다. 덩달아 라파엘 비뇰리의 이름도 미국 뉴스에 오르내렸다.

그렇지만 그는 미국에서 NEMA 시카고[2019], 리츠칼튼 뉴욕[2022] 등을 설계한 공로를 인정받고 '존경할 만한 가치가 있는 건축가'라는 평가를 받았다.

종로타워

종로타워가 있는 서울 종로구 종로 51[종로 2가] 부지는 조선 시대에도 많은 사람이 오갔던, '한양의 대표적인 상업 중심지'이다. 1890년 말 귀금속 상점이 들어섰고, 1918년

화신백화점

에는 '화신상회'라고 이름을 바꾸고 서울에서 가장 큰 귀금속 상점으로 성장했다. 1931년 일제 강점기 당시, 친일파였던 사업가 박흥식이 화신상회를 인수해 3층 콘크리트 건물로 건립하였으나 이 건물은 4년 뒤 화재로 사라졌다.

화신상회 부지에 1937년 11월 경성의 명물 '화신백화점'이 새롭게 건립되는데, 당시 화신백화점은 조선인 건축가 박길룡°이 시공한 '경성 최고의 건축물'로 평가받았다. 그러나 1970년대를 지나면서 화신백화점 및 계열사들의 사업이 어려워졌으며, '종로 확장 계획'과 맞물려 1978년 화신백화점은 재개발 사업 구역으로 지정되었다.

1986년, 한보그룹은 화신백화점 부지를 인수해 백화점을 재건립하려고 추진했다. 1987년 확정된 초기 설계안은 한국인 건축가 김무언의 설계안이었다. 화신백화점의 과거 건물 전면부파사드를 남겨두고 신축 건물에 연결하는 설계 방식으로 장소의 역사성을 살리며, 지상 18층에 이르는 거대한 규모였다. 그런데 건물이 17층까지 올라간 상황에서 한보그룹은 경제적인 문제로 1988년 부지를 삼성에 매각했다. 새로운 건물주 삼성생명은 부지를 매입한 뒤 공사를 중단한다.

1994년, 삼성생명은 국제 설계 공모전을 개최해 전환과 혁신을 담은 새로운 설계안을 공모한다. 건축주는 일제 강점기부터 1970년대까지 국내에서 가장 유명한 화신백화점이 있던 장소에 집중된 관심과 전반적인 분위기를 잘 알고 있었다. 이 공모전에 참여한 라파엘 비뇰리는 삼

○ 朴吉龍(1898~1943), 한국 근대 건축의 토대를 닦은 우리나라 최초의 근대 건축가. 최초로 조선인 건축사무소를 개설했으며, 서구식 모더니즘 건축을 지향하면서도 한국 전통 건축과의 조화를 추구했다.

성의 미래 지향성을 충실하게 이행한 파격적인 설계안으로 선정되었다. 이미 세워진 17층을 뼈대로 활용한 독특한 형태의 디자인이었다.

종로타워가 준공되자 건축물의 가장 큰 특징이자 익숙하지 않은 외형의 구멍 공간에 궁금증과 의아함을 갖는 사람이 많았다. 군사적 목적을 가진 설계로, 까다로운 건축 허가 조건을 반영한 결과물이라고 알려지기도 했다. 그러나 종로타워 개발 프로젝트에 참여했던 삼성 관계자와 설계사^{삼우종합건축 협업}의 이야기를 종합하면, 종로타워의 커다란 구멍은 군사적 목적이 아니고, 시저 펠리의 광화문 교보 사옥처럼 규제나 허가의 문제도 아닌, 단지 삼성그룹의 가치와 상징성을 살리고자 고민한 결과였다고 한다. 즉 건축주의 파격적인 결정의 결과물인 셈이다.

종로타워는 1987년 골조 공사를 진행했으나, 이듬해인 1988년 공사가 전면 중단되는 과정을 겪었다. 1995년에 이르러 지상 18층으로 계획했던 외형을 지상 33층으로 과감하게 변경해 공사를 재개했고, 현재와 같은 상징적인 외형으로 변하였다.

시공사는 163층 두바이 부르즈 할리파^{Burj Khalifa, 2010}, 101층

종로타워

타이베이 금융센터 2003, 말레이시아 페트로나스 타워 1997 등 세계 최고층을 시공한 경험이 있는 대한민국 건설업체였다. 업체는 종로타워가 시공되는 동안 몇 가지 수준 높은 시도를 진행했다. 먼저 11층에 설계된 왕관 모양의 돌출된 캐노피° 시공인데, 현장에서 조립하여 제작하는 시공 방식이 아니라 국내 최초로 리프트 업°° 공법을 적용했다. 또 당시에 익숙하지 않았던, 외형 전체를 유리로 시공하는 커튼 월 공법을 사용했다. 3㎝ 두께의 리브 글라스°°° 입면을 구성해 화려한 디자인과 투명성으로 건물 자체를 미래 지향적인 이미지로 표현했다.

아울러 종로타워에서 공사가 진행되며 가장 어려웠던 시공 부위는 최상층 33층의 타원형 도넛 모양 공간으로, 준공 후 한동안 레스토랑으로 운영된 곳이다.

이후 종로타워는 1999년부터 2002년까지 3년간 국세

○ Canopy, 현관, 창문 등의 천장을 가리는 구조물로, 지붕처럼 돌출된 구조물과 덮개를 의미한다.

○○ Lift up, 지상에서 구조물을 만든 후 별도의 기계 장치로 설치 부분까지 구조물을 들어 올리는 공법.

○○○ Rib Glass, 상부 하중을 기둥이나 벽체가 아닌 유리 자재로 지지 강도를 높여 주는 구조물. 유리 날개 보강 등으로 일정한 간격으로 고정하는 공법이다.

1. 종로타워 캐노피 2. 최상층 3, 4. 1층 내부

청으로 사용돼 국세청 건물로 불리기도 했다. 이 때문에 당시 사업하는 사람들 사이에서는 종로타워에서 근무하면 국세청 기운에 밀려 돈이 빠져나간다는 루머까지 돌았고, 한동안 임차인에게 환영받지 못했다.

이 건축물이 환영받지 못한 또 다른 이유는 개발 당시 판매 시설을 목적으로 설계해 평면 구성과 골조 공사까지 마무리된 상태였다는 것이다. 그 상태에서 혁신적인 외형과 효율만을 목적으로 변경하다 보니 승강기 위치나 구성 등에서 기능과 형태가 맞지 않는 건축물이 되었다.

종로타워는 2020년에 들어서 용도를 변경해 업무 시설로 운영하고 있으며, 엘리베이터를 전면 교체하고 보수 공사를 진행했다.

(건축물 소개)

종로타워
라파엘 비뇰리

건축가 소개

이름	라파엘 비뇰리(Rafael Viñoly)
생몰	1944~2023년, 우루과이, 미국
대표 작품	도쿄 포럼(1996), 워키토키 빌딩(2014), 432 파크 애비뉴(2015)
국내 작품	서울 종로타워(1999)
수상 경력	메달 오브 아너(1995), 코넥스 재단상(1992), RIBA 국제 펠로 우수상(2006)

건축 개요

이름	종로타워
주소	서울특별시 종로구 종로 51
소유주	SK 리츠
용도	업무 시설
설계사무소	삼우종합건축사사무소
시공사	삼성건설
외부 마감	철골, 커튼 월

운영 안내

관람 시간	09:00~21:00
입장료	무료
연락처	02-2198-2114

대중교통

지하철	종각(1) 3번 출구
광역버스	7101
간선버스	101, 103, 150, 160, 260, 270, 370, 470, 601, 720, 6002
지선버스	7212, 8101, 종로01, 02

방문 추천 코스

이태원

상징성 ⭐ 작품성 ⭐ 건축가 ⭐ 접근성 ⭐

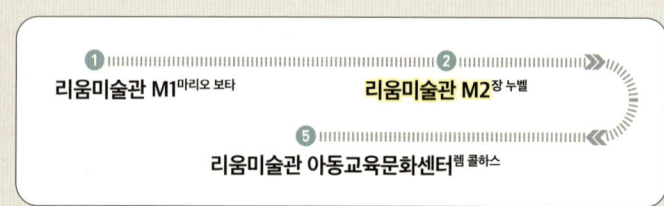

이태원은 대한민국 서울의 대표적인 다문화 지역으로, 다양한 인종과 언어, 맛과 문화가 공존한다. 한국전쟁 이후 용산에 미군 기지가 설치되고 외국 군인과 가족이 모여들면서 발전하기 시작했고, 1986년 아시안 게임과 1988년 서울 올림픽 이후 세계적으로 알려졌다.

한남동에 터를 잡은 리움미술관은 한국을 대표하는 사립 미술관 중 하나로 단순한 전시장 이상의 문화적, 건축적, 예술적 가치를 갖춘 공간이며, 편리한 접근성과 여유로움, 풍부한 서비스를 함축적으로 경험할 수 있다.

이 미술관의 가장 큰 특징은 '국내에서 최초로 시도된 건축 설계 방식'이다. 세계적인 건축상을 수상한 세 명의 건축가 마리오 보타[M1], **장 누벨**[M2], 렘 콜하스[아동교육문화센터]가 설계한 다양한 개성의 건축물을 한 공간에서 비교하며 볼 수 있는 유일한 곳이기 때문이다.

또 리움미술관 주변은 갤러리와 카페, 고급스러움과 맛으로 승부하는 식당들이 어우러진 세련된 문화 지구이다. 건축과 문화를 좋아하는 사람들에게 리움미술관 방문을 추천한다.

리움미술관 M2
장 누벨

서울 용산구 이태원에 있는 리움미술관 Leeum은 도시 중심에 있는 사립 미술관이다. 대한민국 고유의 전통 미술과 생동하는 현대미술의 아름다움을 조화롭게 전달하며, 시대적 가치를 반영한 국제 미술이 공존하는, 세계를 향한 열린 미술관이다. 삼성 이건희 회장과 유족이 수집한 다양한 미술품을 볼 수 있는 상설전을 무료로 운영하고 있다.

리움미술관은 크게 3개 공간으로 이루어졌다. 한국 전통 고미술 전시관인 M1 마리오 보타, 현대미술 전시관인 M2 장 누벨, 로비 등 복합적인 기능을 하는 아동교육문화센터 렘 콜하스이다. 특히 단지 중앙에 있는 장 누벨의 M2는 부식 철판과 유리를 사용하여 현대 예술의 상징성을 차별화하여 표현하였다.

2021년에는 디자이너 정구호가 리노베이션을 진행해 미래 지향적인 미술관으로 재도약하고자 새롭게 출발했다. 특히 공용 공간의 디지털 서비스를 더욱 강화해 운영하고 있다.

장 누벨

장 누벨 Jean Nouvel 은 프랑스 남서부 작은 도시 퓨멜에서 1945년 8월 12일에 태어났다. 두 사람 모두 교육자였던 장 누벨의 부모는 인문적 사고를 무엇보다 중요하게 생각하여 그가 어렸을 때부터 수학, 역사, 지리 등을 가르쳤고, 아들도 부모처럼 교사가 되길 바랐다. 순조롭게 학교 생활을 하던 중 고등학교 2학년 때 만난 장 누벨의 미술 선생님은 그에게 숨겨진 예술적 잠재력을 발견하고, 부모에게 예술가의 길을 추천하였다. 하지만 그의 부모는 미술보다는 기술을 가진 엔지니어가 되길 원했고, 장 누벨은 건축을 선택한다.

장 누벨은 1966년 프랑스 파리에 있는 350년 역사의 명문 국립미술학교 에콜 데 보자르 The Beaux-Arts de Paris 에 수석으로 입학했고, 나이 28세가 되는 1972년에는 세 명의 건축 동료들과 함께 대학 졸업 전부터 건축사무소를 설립하고 다수의 건축 공모전에 참여한다. 1976년은 전 세계가 프랑스 건축에 주목하던 시기로, 이때 장 누벨도 아방가르드를 표방했던 프랑스 건축 운동°에 참여하며 다양한 건축을 경험하고 영향을 받았다. 장 누벨이 이토록 화려하고 대범한 건축 경력을 가질 수 있었던 것은 해체주의를 추구한 그의 정신적인 건축 스승 클로드 파랑^{Claude Parent}의 영향이었다.

빛의 마술사

프랑스를 대표하는 건축가인 장 누벨은 '빛의 마술사'로도 불린다. 그가 엄청난 노력을 기울이며 파격적인 건축 활동을 시작했던 1981년은 그의 인생에서 전환점이자 노력이 꽃피기 시작한 운명 같은 시기였다. 1981년 프랑스 파리의 아랍 세계 연구소 설계 프로젝트 당선을 계기로, 그는 세계적인 명성을 얻으며 '현대 건축의 거장'으로 불리기 시작한다. 1983년에 프랑스 정부는 그에게 예술가와 문학가에게 수여하는 '기사 작위'를 수여하기에 이른다.

1985년, 장 누벨은 제자들과 함께 장 누벨과 동료들^{Jean Nouvel et Associés}을 설립하고, 1994년에는 장 누벨 아틀리에

○ 에콜 데 보자르에서 가르친 학문적 건축 스타일로, 1830년대부터 19세기 말까지 발전한 프랑스의 신고전주의에 영향받았다. 고딕과 르네상스 시대의 요소를 통합하고 철과 유리 같은 현대적인 재료를 주로 사용했다.

Ateliers Jean Nouvel를 통해 본격적으로 전 세계 각 지역에서 왕성한 작품 활동을 진행했다.

장 누벨은 건축에의 열정과 노력만큼 수상 경력도 다양하고 화려하다. 1989년 아가 칸 건축상을 시작으로, 2001년에는 영국 왕립건축가협회 RIBA에서 수여하는 로열 금메달을 수상했다. 같은 해, 세계적인 미술가 이우환 화백과 일본 왕실에서 수여하는 세계 문화상 Premium Imperial을 공동으로 수상하고, 2005년에는 이스라엘에서 수여하는 울프 예술상°을 수상한다.

2008년에는 건축 분야에서 최고의 권위를 자랑하는 프리츠커 건축상을 수상했다. 그를 선정한 프리츠커 협회는 장 누벨의 '파격적이고 용기 있는 건축적 아이디어'를 높이 평가했으며, 다양한 규범에 도전하여 건축의 경계를 넓혔다고 말한 일화는 유명하다.

이후로도 그는 리옹 오페라하우스[1993], 스위스 루체른

○ Wolf Prize in Arts, 이스라엘 비영리 울프 재단에서 1981년부터 6개(예술, 농업, 화학, 수학, 의학, 물리학) 분야에 수여하는 상. 건축상은 예술상의 한 분야이며, 대표적인 수상자로는 프랭크 게리(1992), 알바루 시자(2001), 피터 아이젠만, 데이비드 치퍼필드(2010) 등이 있다.

스페인 바르셀로나 토레 아그바

문화 컨벤션 센터[1998], 스페인 바르셀로나 토레 아그바[2005], 아랍에미리트 루브르 아부다비[2017], 카타르 도하 국립박물관[2019] 등 다양한 프로젝트를 진행했다.

장 누벨의 대표적 작품 프랑스 파리 아랍 세계 연구소 Institute of the Arab World 는 국제 설계 공모전에서 선정된 뒤 1987년에 완공되었다. 이 건축물은 태양 빛을 활용해 건축 입면을 변화시키는 혁신적인 생각을 현대적으로 재해석한 것

프랑스 파리 아랍 세계 연구소 외관의 아름다운 아라베스크 문양

이 특징이다. 특히 이슬람의 기하학적인 타일 문양을 건축 외부에 디자인화했다. 카메라 조리개와 전통적인 아랍 문양을 융합한 아름답고 몽환적인 디자인은 일반인의 관심을 얻기에 충분했다. 시간이 흐름에 따라 자동으로 조리개가 움직여 내부로 들어오는 빛을 조절하는 기능은 당시 혁신적인 기술로, 건축가들은 이 건축물이 초기 스마트 빌딩의 방향을 제시한 것이라 평가했다.

　장 누벨의 또 다른 작품은 스페인 바르셀로나에 건립

된 토레 아그바 Torre Glòries, Agbar Tower 로, 하늘을 향한 총알 모양이 독특하고 환상적이다. 이 건축물의 대표적인 건축 요소인 유리 루버 louver 는 채광과 통풍 등 첨단 기능에 효율성까지 더한 것이다. 독창적인 외부 창호 입면은 시간에 따라 수시로 변하며, 약 4,500개의 LED 조명이 설치돼 있어 야간에는 환상적인 쇼를 연출하는, 바르셀로나 하늘을 상징하는 고층 건물 중 하나로 인정받았다.

2015년 설계한 루브르 아부다비 Louvre Abu Dhabi 는 페르시

아랍에미리트 루브르 아부다비

아만 근처에 건립된 건축물로, '바다 위 인공섬에 거대한 돔'을 얹은 듯한 독특한 디자인이 돋보인다. 특히 건물 천장에 뚫린 구멍에서 쏟아져 들어오는 환상적인 빛은 보는 이에게 예술로 느껴진다. 이 설계는 장 누벨이 '빛의 건축가'로 불리게 된 결정적인 작품이다. 그는 이 혁신적인 건축물을 아랍에미리트 전통 건축의 고유 개념에서 돔 형태를 유추해 기하학적으로 설계했다고 한다. 외부의 독창적인 돔은 사막 지역 환경에 맞게 디자인한 것으로, 태양열로부터 건물을 보호한다. 또 빛이 투영되는 아름다움을 건축적인 디테일로 표현해 빛이 스며드는 공간 하나하나를 부드러운 감성으로 느끼게 한다.

2019년 개관한 카타르 국립박물관 역시 장 누벨이 설계했다. 국가의 과거와 현재, 미래를 보여 주는 공간으로 구상한 이 프로젝트는, 대한민국 현대건설이 7년 6개월에 걸쳐 시공했기에 우리에게 더 특별하다. 장 누벨은 이 건축물을 설계하며 '사막의 장미 Desert rose'라 불리는 꽃 모양의 미네랄 결정체를 핵심 디자인으로 형상화했다. 독특한 외관은 316개의 디스크와 7만 6천 개의 섬유 보강 콘크리트° 패널 하나하나를 조립해 끼워 시공한 것으로 유명하

카타르 도하 국립박물관

다. 내부는 카타르 자연 동굴의 이미지를 도입해 자재 4만 개를 연결하여 시공했다. 당시 이 미술관은 비정형의 독특하고 어려운 설계여서, 시공을 위해 배관과 전기를 사전에 검토하기 위해 BIM $^{Building\ Information\ Modeling}$ 공법을 적용했다.

○ Fiber Reinforced Concrete, 고강도의 유리섬유를 보강한 콘크리트의 한 종류로, 인장 강도, 굽힘 강도, 내충격성, 인성 등을 대폭적으로 개선한 콘크리트이다.

돌체앤가바나 서울청담플래그십

한편 우리나라에서는 리움미술관2004 외에 국내 언론에는 공개되지 않았지만 삼성 이건희 회장의 개인 주택도 설계한 것으로 알려졌으며, 실현되지는 않았지만 한강 노들섬 오페라하우스[2006]도 제안했다. 2008년에는 국내 최고 분양가를 기록한 성수동 갤러리아 포레 주상복합 아파트 인테리어 디자인을 수행했고, 2013년에는 현대디자인랩의 디자인 개념을 협업하는 등 크고 작은 건축 활동으로 우리에게 다가왔다.

특히 서울 청담동 돌체앤가바나[2021] 설계는 '빛의 건축가'라는 명성에 걸맞은 이미지와 방향성을 내외부 인테리어에 반영한 작품이다. 지하 1층, 지상 4층으로 아담한 규모지만, 외부 마감재로 검정색 화강석을 사용해 세련된 감성과 차별화된 고급스러움을 추구했다. 그의 감성과 잘 어울리는 검정 위주의 마감 구성은 무게감과 안정감을 준다. 내부 공간도 외부 이미지와 연계되도록 설계했으며, 특히 빛에 의해 반짝이는 검정 마르키나 Marquina 대리석 바닥과 망고나무 목재 벽체, 나선형 경사로와 곡면 투명유리 난간이 현대적인 분위기의 세련미를 더한다.

리움미술관

2004년 10월 19일 개관한 리움미술관은 삼성문화재단의 소장품을 한자리에 전시하기 위해 만든 공간이다. 지하철 6호선 녹사평역에서 이태원역을 지나 장충동 방향으로 이태원로를 따라 200m 정도 올라가면 리움미술관에 도착한다. 북쪽으로 남산과 하얏트 호텔이 보이고, 서쪽에는 남산에서 뻗어 내린 작은 지형의 둔지산 屯芝山이 있으며, 동남쪽으로는 한남동과 경계를 이루는 고지대, 서남쪽에는 주택가가 들어서 있다.

리움 LEEUM 이라는 이름은 '이병철의 수집품에서 출발한 미술관'이라는 의미로, 설립자의 성인 Lee와 미술관을 뜻하는 영어 단어 Museum의 어미 -um을 더한 합성어이다. 삼성그룹 창업주인 이병철 회장은 소문난 미술 애호가로 알려졌는데, 1930년대부터 문화재에 관심을 두고 수집을 시작했다고 한다.

현재 리움미술관 전시물은 작고한 이병철 회장과 이건희 회장의 수집품이 대다수이며, 고미술품을 전시하는 상설 전시관과 특별 전시관으로 이루어진다. 우리나라에서 전통 미술에 관한 전문성을 가진 리움미술관과 비교될 만한 사립 미술관에는 1938년 개관한 간송미술관과 1981년 설립된 호림박물관 등이 있다.

리움미술관은 1997년 장 누벨, 마리오 보타, 렘 콜하스 세 사람의 건축가가 서로 다른 목적을 가진 건물을 그들만의 색채와 건축 성향에 맞춰 건립했다. 당시 리움 설계의 리더 역할을 담당한 렘 콜하스는 리움 부지 내 아동교육문화센터를 설계했고, 마리오 보타와 장 누벨이 각각 M1, M2 설계를 담당했다.

렘 콜하스가 설계한 아동교육문화센터는 연면적 1만 2,893㎡, 지상 2층, 지상 3층 규모이며, 마리오 보타가 설계한 M1은 연면적 9,917㎡, 지상 4층, 지하 3층, 장 누벨이 설계 삼우종합건축 협업 한 M2는 연면적 7,020㎡, 지하 3층, 지상 2층 규모이다.

세 명의 건축가가 경쟁하듯 진행된 이 실험적인 설계는 당시 대한민국에서는 처음 시도된 방식이다. 이런 설계 사례로는 일본 후쿠오카에서 먼저 시행된 넥서스 월드 Nexus world 프로젝트를 들 수 있는데, '다음 세대에 쾌적하고 아름다운 도시를 반환한다'라는 설계 동기와 유사하다. 리움미술관의 이러한 설계 방식은 두 가지 차원에서 상징적 의미가 있다. 첫째는 한국에서 처음 시도된 체계적인 단지 설계 계획 개념이며, 두 번째는 국가가 아닌 기업에 의해 진행된 방식이라는 점이다.

리움미술관과 주변 건물

리움미술관 설계에 참여했던 세 명의 건축가는 설계 전 원만한 사전 협업과 적극적인 참여, 헌신적인 노력으로 이 프로젝트를 성공적으로 진행했다. 건축가 각자가 개성이 강하고, 명성도 높으므로 건물 간의 조화가 부족할 것이라 우려했으나, 건축주 삼성의 원활한 조율과 지원으로 성공적인 성과를 이루었다.

장 누벨이 설계한 M2는 철골 구조물로, '부식 철판'이라 불리는 코르텐 강판 Corten Rusty Steel 을 주요 자재로 사용해 건축물의 예술성을 표현했다. 부식 철판은 세월의 흐름을 알려 주는 고유의 녹이 생기는 게 특징으로, 녹으로 인한 하자가 발생할 수 있어 건축가 사이에서도 사용하는 데 호불호가 있는 자재이다.°

이러한 문제점을 고민한 시공사 삼성물산 건설 부문 는 M2의 외장재 적용을 위해 수많은 실험을 걸쳐 세계 최초로 검정 피막°°을 개발해 자재의 단점을 보완했다.

장 누벨이 설계한 리움 M2의 대표적인 특징은 '빛의

°   부식 철판을 즐겨 쓰는 우리나라의 대표적인 건축가로 승효상이 있다.
°°   Patina, 미술 용어로 청동 제품에 나타나는 오래된 고색(古色)의 녹을 의미한다..

마술사'라는 호칭에 걸맞게 미술관에서 적극적으로 사용하지 않는 빛을 주요 건축 요소로 사용한 것이다. 일반적으로 미술품은 햇빛에 장기간 노출될 경우 손상 및 변색 우려가 있어 빛을 금기한다. 하지만 장 누벨은 파격적으로 과감하게 사용해 미술관 내부에서도 전체적으로 자연의 빛과 그에 따른 음영을 느낄 수 있도록 했다. 그는

2015년 설계한 루브르 아부다비에서도 빛을 사용했으며, 이와 같은 설계 방식은 장 누벨의 미술관 설계 방식으로 남게 되었다.

장 누벨은 또한 미술관 지하 외벽과 건물 사이 채광을 위해 썬큰 공간°을 만들고, 미술관 기초 공사 때 나온 다량의 암반과 쪼개진 돌을 철제망에 담아 쌓아 올린 개비온 월 Gabion Wall을 조성해 주변 조경과 자연이 조화를 이루도록 시공했다.

이 외에도 기존 관습과 상관없이 다양한 시도를 하여 시대적 흐름을 넘어선 과감한 설계를 적용했다. 일반적으로 미술관은 출입구에서 정해진 출구까지 관람 동선을 자연스럽게 유도한다. 하지만 리움 M2는 포스트 텐션°° 구조 공법을 도입해 미술관 내부를 기둥 없이 열린 공간으로 만들어 자유로운 관람자 동선 및 개방적인 넓은 전시 공간을 확보하도록 했다.

○ Sunken Garden, 지하에 자연광을 이용하기 위해 만든 공간 구조를 지칭하는 건축 용어. 지하 공간임에도 자연 채광과 개방감을 조성해 준다.

○○ Post Tension, 건축 구조의 안전성을 증가시키기 위해 PC 자재나 케이블 강선의 당기는 힘을 이용해 건물의 슬래브나 교량, 기둥의 길이를 넓게 지지하는 기술이다.

(건축물 소개)

리움미술관 M2
장 누벨

건축가 소개

이름	장 누벨(Jean Nouvel)
출생	1945년, 프랑스
대표 작품	카타르 도하 국립박물관(1989), 파리 아랍 세계 연구소(1981), 루브르 아부다비(2015)
국내 작품	리움 M2(2004), 돌체앤가바나 서울청담플래그십(2021), 갤러리아 포레(2011)
수상 경력	프리츠커상(2008), RIBA 금메달(2010)

건축 개요

이름	리움미술관 M2
주소	서울특별시 용산구 이태원로 55길 60-16
소유주	삼성뮤지엄 아트
용도	미술관
설계사무소	삼우종합건축사사무소
시공사	삼성건설
외부 마감	부식 철판

운영 안내

관람 시간	10:00~18:00
입장료	무료
연락처	02-3442-6888

대중교통

지하철	한강진(6) 1번 출구
간선버스	400, 405, N31, N72

방문 추천 코스

서울역, 을지로

상징성　작품성 ⭐　건축가 ⭐　접근성 ⭐

① **문화역서울284** 쓰카모토 야스시　② **서울로7017** 비니 마스　③ **롯데호텔 서울** 오쿠노 쇼　④ **SKT타워** 아론 탄　⑤ **한화 장교사옥** 벤 판 베르켈

서울역과 을지로 주변은 서울의 근대화 시작을 알리는 역사적인 공간이자 서울의 발전상을 한눈에 확인할 수 있는 지역이다.

이곳에서 가장 상징적인 서울역 광장에는 대한민국에서 최초로 해외 건축가가 건립한 것으로 알려진 문화역서울284구 서울역가 있다. 광장 전면에는 1977년 준공된 서울스퀘어 빌딩구 대우빌딩이 1,200억 원 규모의 리모델링을 통해 새롭게 재탄생한 모습으로 서 있다. 화재로 국민 모두에게 충격을 주었던 남대문도 다시 복원되어 옛 모습 그대로 볼 수 있으며, 남대문 주변은 시장과 오래된 건축물 사이사이 다양한 먹거리와 볼거리가 함께해 외국인이 꼭 찾는 장소이다.

문화역서울284 인근, 걸어서 5분 거리에 세계적으로 유명한 건축가이자 조경 전문가인 **비니 마스**가 설계한 서울로7017이 있다. 미국 뉴욕의 하이 라인 파크와 비교하며 걸어 보면 문화적 환경과 감성의 차이를 흥미롭게 경험할 수 있다.

서울역에서 2㎞ 떨어진 을지로 지역에는 한국 5성급 호텔의 원형을 간직한 롯데호텔 서울과 홍콩 출신 건축가 **아론 탄**이 설계한 SK 을지로 사옥이 있다. 겸손하게 사람들에게 인사하는 모습이 마치 폴더형 휴대폰과도 비슷한 상징적인 건축물이다. 인근의 한화 장교사옥은 벤 판 베르켈이 리모델링을 진행한 건축물로, 지하 4층부터 지상 29층까지 1,745억 원이라는 엄청난 비용을 들여 친환경 스마트 빌딩으로 탈바꿈했다. 지속 가능한 도시 건축의 모범적인 사례이다.

문화역서울284

쓰카모토 야스시

'서울역을 설계한 건축가는 누구일까?' KTX를 타기 위해 서울역으로 향하는 길에 과거 서울역을 지나게 되었다. 때마침 휴관일로 문이 잠겨 있는 건물을 보며 이런 생각을 했다. 누가 서울역을 설계했는지에 관한 의문과 궁금증은 이 책을 쓰게 된 직접적인 동기이자 계기였다.

문화역서울284, 과거 서울역사는 필자가 오래전 서울에서 지방을 오가며 친숙하게 이용했던 곳이다. 부모님을 만나러 가는 길, 역에 들어서면 마음이 들뜨고 설렜다. 그러나 대부분은 이 건축물을 설계한 건축가가 누구인지에 관심이 없을 것이고, 실제로 알고 있는 사람도 그리 많지 않을 것이다.

서울역을 설계한 사람은 일본인 건축가 쓰카모토 야스시 塚本靖, 1869~1937 라고 알려졌다. 그는 1869년 일본에서 태어났으며, 도쿄 대학교 교수를 역임했다. 쓰카모토 야스시의 스승은 다쓰노 긴고 辰野 金吾, 1854~1937 라는 인물인데, 그는 '일본 최초의 건축가'라는 기록이 남아 있을 정도로 일본에서는 역사적 인물이다. 다쓰노 긴고의 대표적인 설계 작품은 1914년 준공된 일본 도쿄역사와 일본은행이다.

1912년 우리나라에 준공된 옛 조선은행 ⁽현재 화폐 박물관⁾ 본점과 1910년 지어진 부산역도 그의 설계이다.

누가 설계했는가

쓰카모토 야스시가 설계한 것으로 알려진 경성역은 일제 강점기에 민족 약탈의 출발점이자 중심지였다. 그래서 우리에게는 만남의 장소 이전에 아픈 역사의 장소로 기억되기도 한다.

쓰카모토 야스시가 당시 경성역을 설계한 건축가로 알려진 이유는 그의 스승 다쓰노 긴고와 일본 도쿄역사 설계에 참여했기 때문이고, 실제로 그는 서울역 설계 과정에도 참여한 것이 확인되었다. 하지만 경성역을 설계한 실질적인 건축가로 결정 짓기에는 매우 조심스럽다. 2016년에 우리나라에서 발견된 〈경성역사 준공도면〉¹⁹²⁵ 원본과 건립 과정 기록을 보면, 도면에 당연히 기재되었어야 할 설계자 이름이 없기 때문이다.°

이 의문의 답은 대한민국 서울이 아닌 유럽에 있었다.

○ 〈문화역서울284, 독립운동가 강우규와 서울역〉,《시사매거진》 2020. 8. 5.

1. 1924년 경성역 2. 1900년대 초반 루체른역

설계자 이름이 기록되지 않은 것은 창작 설계가 아니었기 때문이라고 생각된다. 쓰카모토 야스시가 영국 유학 중에 방문했던 스위스 루체른역 건축물을 모사해 서울역을 설계한 듯 보인다.

1896년 준공한 루체른역은 스위스 건축가 한스 빌헬름 아우어 Hans Wilhelm Auer, 1847~1906가 설계한 것으로, 쓰카모토 야스시의 주도하에 이를 참조한 것이라는 설명이 지배적이다. 따라서 자신이 경성역 설계안을 철도국에 제안한 것보다 29년 먼저 건립된 루체른역사의 존재를 묵과할 수 없어 서울역 설계도면에 이름을 기록할 수 없었을 것으로 보인다. 건축가였던 그가 원천 설계와 건축물이 존재하는 것을 모를 리 없었다.

서울역의 역사

최초의 서울역 과거 경성역은 현재와 같이 서울특별시 용산구와 중구의 경계선에 있으며, '경부선과 경의선의 시작점'이었다. 현재의 서울역사도 경부고속철도와 대다수 열차가 출발하는 대한민국의 중추 역사이다. 남만주철도주식회사 가칭 만철가 인천 경인선에서 출발해 서울역을 지나 만주

경성역이 들어서기 전 남대문정거장

를 연결하려는 목적으로 건립하였다. 1900년 7월에 한강철교 완성과 동시에 철도가 처음으로 남대문까지 진입하면서 '경성역'이라는 이름을 사용하기 시작했다. 1905년에는 남대문역으로 이름이 변경되었으나, 당시 나무로 지어진 역 외형이 너무도 허름하여 마치 임시로 지어진 건물처럼 초라했다. 사람들이 역이 아니라 '남대문정거장'이라 불렀을 정도였다. 이 남대문정거장이 현재 서울역사

서울역 명칭 변경

남대문정거장(1900) ≫ 남대문역(1905) ≫ 경성역(1923) ≫
서울역(1947) ≫ 문화역서울284(2011)

의 전신으로 철도의 출발점이자 근대 서울의 관문 역할을 했다. 이것이 대한민국 철도역사의 시초였다.

한편 서울역 ^{문화역서울284} 의 명칭은 수시로 변경되었다. 1910년 서울의 명칭이 한성에서 경성으로 바뀌자 1923년에는 역 이름도 경성역으로 바뀌었다. 그리고 1947년 광복 2주년을 맞아 〈서울시 헌장〉이 공포되었고, 그해 11월 1일에 서울역으로 이름이 바뀌었다.

이후 급격한 산업 발전과 인구 증가로 기존 역사의 기능적 한계를 대비해 2003년 새로운 서울역 민자 역사가 개장되기에 이르렀다.

문화역서울284

문화역서울284의 가장 상징적인 특징은 '서울을 대표하는 건축물'이자 서울에서 몇 안 되는 르네상스˚ 양식 건

루체른역, 도쿄역, 경성역(문화역서울284)

	루체른역	도쿄역	경성역
준공	1896	1914	1925
층수	지상 2층, 지하 1층	지상 4층, 지하 2층	지상 2층, 지하 1층
연면적	2,480평	9,545평	2,005평
건축가	한스 빌헬름 아우어	다쓰노 긴고	-
특이 사항	큐폴라 지붕(화재로 소실)	다수의 돔 형식 지붕	비잔틴 돔 지붕

축물이라는 점이다. 외형은 스위스 루체른역사와 거의 비슷하지만 규모 면에서는 일본 도쿄역사보다 상당히 작았다. 처음에는 경성역을 도쿄역과 비슷한 규모로 준공해 전 세계에 일제의 위세를 선전하려는 계획이었다. 그런데 1923년 9월 관동 대지진이 발생하면서 예산이 절대적으로 부족해졌고, 초기 계획의 1/4 크기로 규모를 축소했다. 실제로 도쿄역과 비교하면 경성역은 상당히 규모가 작다.

경성역보다 먼저 건립된 루체른역은 지상 2층, 지하

○ Renaissance, 14~16세기 유럽에서 일어난 문예 부흥 운동으로, 고대 로마 건축의 특징인 대칭과 비례, 기하학 및 부재의 규칙성을 강조한다. 반원형 아치, 반구형 돔 및 벽기둥 등 정돈 배열된 비례 시스템이 불규칙한 윤곽을 대체했다.

문화역서울284

1층, 총면적 8,216m² 규모로, 중앙 건물에 비잔틴 양식의 커다란 돔 모양 큐폴라 지붕과 4개의 작은 탑이 고풍스러운 분위기를 자아낸다. 그러나 1971년 2월 5일 역무실에서 발생한 화재로 루체른역은 대부분 소실되었고, 현재는 역사의 외벽 일부만 상징적으로 남아 있다.

1991년 2월 5일 루체른역의 재건립을 위해 서울역을 방문한 스위스 실무자들에 의하면, 서울역과 루체른역은 규모와 외형이 비교적 유사하지만 외관 일부에 석재 대신 붉은 벽돌을 사용한 점이 다르다고 했다. 또 천장 공간을 높게 설계한 점에서 서울역 내부는 오히려 암스테르담역과 비슷하다고 평가했다.

그런데 도쿄역 역시 벽돌과 석재 아치로 제작해, 재료를 사용한 측면에서 도쿄역과 서울역은 제작 방식이 아주 유사했다.

경성역 [문화역서울284] 은 1922년 6월 착공해 3년간의 공사를 거쳐 1925년 9월 30일 준공되었다. 시공사는 일본 시미즈 건설로, 1804년 창업 이후 현재도 매출 2조 엔[약 18조 원], 사원 수 1만 명이 넘는 일본 '빅4' 건설 업체 중 하나이다.

1층 외부와 상부 모서리 및 개구부를 색상이 아름다운

화강석으로 마감했으며, 지붕은 철골조에 천연 슬레이트와 동판 이음으로 마무리했다. 완공된 경성역은 거대한 규모와 화려하고 정교한 디테일을 자랑하는 일제 강점기의 진기한 건물이 되었다.

내부를 살펴보면, 건물 1층 매표소와 대합실은 상부 지붕의 비잔틴 양식 돔과 반원형 아치 창을 통해 대합실 중앙 홀 안으로 자연 광선을 끌어들여 밝은 느낌의 공간으로 조성되었다. 당시 조선인과 일본인은 공간을 분리하여 이용했는데, 일본인이 사용한 공간은 대합실, 귀빈실과 역장실, 사무실로 구성되어 있다. 2층은 외부를 연분홍 벽돌로 마감했으며, 회의실, 세미나실, 사무실 등 6개의 크고 작은 공간으로 설계되었다. 이 공간의 절반은 한반도 최초의 고급 레스토랑과 고급 다방 '티 룸'으로 사용되었다. 이러한 설계 방식은 일본 도쿄역과 기능적으로 동일하며, 규모만 축소하여 적용했다.

문화역서울284은 '100년 이상의 역사와 전통'이 있는 '대한민국 서울의 살아 있는 역사 공간'이라는 상징적인 의미를 지닌다. 누군가는 이곳에서 먹고살기 위해 서울을 등지고 떠났으며, 누군가는 대한민국의 독립을 위해 먼

문화역서울284 내부

길을 떠나던 장소였다. 또 일제 침탈이 극심해지던 시절에는 수많은 사람이 만주로 떠나던 출발점이었다.

  1981년 9월 25일, 문화관광부는 대한민국 철도 역사의 한 페이지를 담당했던 서울역사를 사적 284호로 지정하였고, 1988년에는 새롭게 준공된 민자역사로 모든 기능을 이관하였다. 이후 보존과 철거 등 다양한 의견을 수렴하는 과정을 겪고, 2009년 12월 9일 폐쇄되었다가 현재 역사의 뒤안길에서 문화의 매력을 전파하는 거점으로 삼겠다는 취지에서 '문화역서울284'라고 이름 붙여졌다. 284라는 숫자는 사적 관리번호에서 유래한 것이다.

  2009년부터 2011년까지 2년 동안 역사 원형을 복원하는 공사가 진행되었고, 지금은 경성역 건립 당시의 진기한 사진 자료와 100년 전 역사 내부 모습을 그대로 재현했다. 사전 예약을 하면 무료로 관람할 수 있으며, 회화, 공연 등 다양한 예술 전시가 가능한 복합 문화공간으로 활용을 모색하고 있다.

(건축물 소개)

문화역서울284
쓰카모토 야스시

건축가 소개
이름	쓰카모토 야스시(塚本靖)
생몰	1869~1937년, 일본
대표 작품	서울역(1925)
국내 작품	서울역(1925)

건축 개요
이름	문화역서울284
주소	서울특별시 중구 통일로 1
소유주	한국철도공사
용도	철도역사
시공사	일본 시미즈 건설
외부 마감	혼합 벽돌조

운영 안내
관람 시간	10:00~19:00
입장료	무료(예약 필요)
연락처	02-3407-3500

대중교통
지하철	서울(1, 4) 2번 출구
광역버스	9401, 9701, 9703, 9709, 9713, 9714, 9716
간선버스	103, 163, 202, 405, 421, 500, 505, 506, 603, 702A, 702B
지선버스	7011, 7017, 7019, 7021, 7022, 8000

서울로7017
비니 마스

1970년대 대한민국 산업화의 자랑이었던 서울역 자동차 고가도로. 이 건축 구조물은 수도 서울의 번영을 상징하는 대표적인 산업화 유산이다. 그러나 시간이 흘러 점차 노후화가 진행되면서 서울역 광장, 남대문시장, 회현동, 남산, 남대문, 청파동, 중림동도 서서히 쇠락의 역사를 맞았다. 서울시는 차량만 다니던 이 길을 다시 한번 사람들만의 길로 새롭게 재생하고자 고민했다.

　　서울로7017은 이 차량 전용 고가도로를 보행자 중심의 보행 길이자 도심 공원으로 재탄생시킨 혁신적인 프로젝트였다. 그러나 이 시설물은 새롭게 창조된 건축 모델이 아니었다. 프로젝트의 초기 연구 사례인 뉴욕 맨해튼 하이 라인 The High Line 은 철도 길을 공원으로 조성한 것이고, 서울로7017은 사람들이 걸어 다니는 보행로인 동시에 서울역 일대의 단절된 구석구석과 주변 상권을 연결하는 혈관과 같은 역할을 한다는 데서 차이가 있다.

　　즉 서울로7017은 도시 공간을 새롭게 조성한 시설이며, 단순한 보행로의 개념을 넘어 '과거와 현재를 연결하는 공간의 확장'이자 '자동차 중심의 서울 도심을 보행자 중심의 공간'으로 전환하는 도시 재생의 상징적 공간이다. 비니 마스는 이 프로젝트를 맡아 성공적으로 이끌었다.

그러나 서울로7017은 한때 세계적으로 거론될 만큼 대단한 성과로 주목받았지만, 서울시의 지속적인 투자 부족과 운영 미숙으로 개선해야 할 현실적 문제들이 과제로 남았다.

비니 마스

건축가 비니 마스^{Winy Maas}는 1959년 네덜란드 남부 스헤인델에서 태어났으며, '현대 건축 디자인에 큰 영향을 준 건축가 중 한 명'으로 평가받는다. 그는 1990년 네덜란드 델프트 공과대학에서 학위를 받고, 3년 후 같은 학교 출신인 야콥 판 레이스^{Jacob van Rijs}, 나탈리 드 브리스^{Nathalie de Vries} 등과 건축, 도시 연구 및 조경 디자인을 연구하는 MVRDV 스튜디오를 네덜란드 로테르담에 설립했다. MVRDV는 설립에 참여한 동업자의 성을 따서 만든 약자이다.

그는 프리츠 슈마허상 2000, 유럽연합 현대건축상 2001, NAI상 2002, 암스테르담 예술대상 2004 등을 수상했으며,

네덜란드 베를라헤 연구소 Berlage Institute, 미국 오하이오 주립대학교 및 예일 대학교에서 교수를 역임하고, 현재는 매사추세츠 공과대학 건축디자인학과와 델프트 공과대학 건축 및 도시디자인학과 교수로 재직 중이다. 우리나라에서는 2024년 부산광역시 명예 자문 건축가로 선정되기도 했다.

화려하고 이색적인 디자인의 대가

비니 마스가 이름을 알린 대표적인 프로젝트는 네덜란드 암스테르담 워조코 아파트, 네덜란드 힐베르쉼 라디오 방송국 설계였다. 이 설계로 전 세계에서 주목받고 명성을 얻으며, 오늘날에는 각국에서 수많은 프로젝트에 초청받고 있다.

암스테르담 워조코 고령자 주거 아파트 Wozoko, 1997는 비니 마스에게 특별한 의미를 지닌 설계이다. '워조코'라는 이름은 네덜란드어 Woon Living, Zorg Care, Complex의 줄임말이다. 그는 창의적이고 독특한 표현으로 아파트를 설계하였고, 이 건축물은 미국 〈타임〉 지가 선정한 '세계 10대 건축물'에 들었다. 이 건축물은 마치 서랍이 불안하게 걸

1. 네덜란드 암스테르담 워조코 아파트 2. 스파이커니서 북 마운틴 3. 로테르담 마켓 홀

쳐진 듯한 건물 외형으로 눈에 띄는데, 초기에는 노인 100세대를 수용할 계획이었으나, 법규 제한에 따라 87세대로 축소되었다. 비니 마스는 부족한 세대수를 보완하기 위해 캔틸레버°와 형형색색의 발코니를 서랍처럼 돌출시켜 지상 녹지와 일조권을 확보하는 동시에 리조트 느낌으로 변화를 주었다. 특히 건물 외부의 발코니 난간 등을 일반적인 무채색이 아니라 노랑, 보라, 초록 등 다양한 색상으로 아름답고 화려하게 표현했으며, 현재도 이색적인 볼

○ Cantilever, 한쪽 끝은 고정되고 다른 끝은 받쳐지지 않은 상태를 의미하는 건축 용어. 일반적으로 건물의 처마와 발코니 등에 많이 사용되는 구조이다.

3

거리를 제공한다.

 이 외에도 독일 하노버의 EXPO 네덜란드 전시관[2000], 네덜란드 신도시 스파이커니서의 북 마운틴[2012]과 로테르담의 마켓 홀[2014], 프랑스 파리의 그랑 파리 Grand Paris 등은 비니 마스의 건축 성향을 알 수 있는 대표적인 설계 작품들이다.

 특히 북 마운틴 Book Mountain 은 새로운 개념의 공공 도서관으로, 창의적이고 독특한 설계안이 돋보인다. 네덜란드 전통 농장에서 영감을 받은 투명한 외관, 외부에서 내부의 산 모양 서고가 그대로 보이는 데서 기존 도서관의 개념에서 벗어난 상징성이 느껴진다. 특히 서고에 7만 권의 종이책을 피라미드 형태의 산처럼 쌓아 놓아 '북 마운틴'이라는 애칭으로 불린다. 도서관 내부는 480m 높이의 책꽂이와 독서 공간을 중심으로 조망과 여유를 느낄 수 있도록 구성하였다. 도서관 외에도 환경 교육센터, 체스 클럽, 강당, 회의실 등 다양한 공간으로 구성되었다. 1층은 지역 정보 수집 자료를 보관하고 있으며, 2층은 청소년 도서, 성인 문학, 3층은 만화, 영화, 다큐멘터리 등, 4층은 청소년과 성인을 위한 각종 잡지를 소장하고 있다.

네덜란드 로테르담의 마켓 홀 Market Hall 은 네덜란드어로 '마르크탈 Markthal'이라 불리며, 한화로 2,600억이라는 엄청난 건설비가 소요되었다. 이 건축물의 특징은 거대한 말발굽 모양의 외관, 화려한 동굴과 긴 터널을 연상시키는 내부 공간이다. 실내 천장에는 네덜란드에서 가장 크고 화려한 대형 벽화가 그려져 있는데, 신선한 과일과 꽃 그리고 다양한 생물 그림이 공간에 활기찬 분위기를 연출한다. 지상 1, 2층에는 100여 개의 판매 시설이 있어 방문객들이 쇼핑하고, 먹고 마시며 즐길 거리가 있고, 3층부터는 228가구의 주거용 아파트가 있다. 지하는 1,200대를 수용할 수 있는 주차 공간으로 구성되어 있다. 즉 네덜란드 최초로 시장과 주거 공간이 공존하는 하이브리드 건물인 것이다. 마켓 홀은 2014년 준공 후 3개월 만에 350만 명 이상의 국내외 관광객이 찾은, 로테르담의 대표적 명소가 되었다.

우리나라에서도 비니 마스의 크고 작은 프로젝트를 찾아볼 수 있다. 경기도 안양예술공원 전망대[2006], 서울 용산 국제업무지구에 건설될 예정이었던 주상복합 아파트 더 클라우드[2010]○, 서울 청담동 청하빌딩[2013] 외형 리뉴얼 설계 등을 진행했다. 또 광주 비엔날레 GD 폴리[2016], 인천 파라다이스시티 클럽 랜드마크[2022] 설계를 진행하며 우리나라와 꾸준히 인연을 이어 왔다.

서울역 고가도로의 변신

건축가 비니 마스가 설계를 개선한 서울역 고가도로는 1969년 3월 19일 착공하여 1년이라는 길지 않은 공사 기간을 거쳐, 1970년 우리나라 광복을 기념하는 8월 15일에

○ 용산 국제업무지구 프로젝트가 무산되면서 실현되지는 않았지만, 9·11테러를 연상시키는 디자인으로 큰 논란이 있었다.

개통된 왕복 2차선 고가도로이다. 당시 퇴계로와 만리재길, 청파로 ^{청파동→퇴계로→중림동}를 연결하며 서울 '경제 성장의 상징물'로 인식된 구조물이었다.

준공된 지 30년이 지난 2000년에 서울특별시가 안전진단을 했는데, 고가도로의 바닥 판^{슬래브}이 긴급 보수가 필요한 D등급이라는 결과가 나왔다. 이에 2001년 한 해 동안 슬래브 교체 공사를 진행해야 했다. 한동안 고가도로 안전을 목적으로 13톤 이상의 차량은 통행을 제한하는 조치가 발효되었고, 2004년 3월에는 또다시 안전상의 문제와 도시 미관 저해 등을 이유로 동자동^{한강로} 방향의 일부 램프가 철거되었다.

그리고 6년이 지난 2006년, 다시 시행한 안전진단에서도 D등급이라는 위험한 결과가 나왔다. 결국 서울시는 2009년에 고가를 철거하고, 2011년 말까지 재시공한다는 계획을 수립했다. 그런데 당시 서울 시장^{오세훈}은 재시공 사업을 서울역 북부 역세권 개발 사업과 연계하면서 철거를 미루었고, 2009년 3월 이후 시민 안전 문제로 도로를 통과하는 모든 차량 통행을 제한하였다.

2012년에 이르러 새롭게 취임한 박원순 시장은 서울역

서울역 고가도로 변천 과정

안전진단 D등급(2006) ▶▶▶ 고가 철거 계획(2007) ▶▶▶
운행 중단(2009) ▶▶▶ 공원화 결정(2014) ▶▶▶ 서울로7017 명명(2015)

고가도로를 최종 철거한다는 사망 선고를 내린다. 그리고 2014년 4월, 박원순 시장은 철거가 아닌 획기적인 방안을 발표했다. 서울시가 새롭게 추진하는 서울역 고가도로는 미국 뉴욕에서 노후화된 철길을 공원으로 조성한 하이 라인°처럼 시민들이 통행하는 공원으로 조성한다는 것이다. 즉 서울역 고가도로의 공원화를 결정했다. 이러한 계획의 배경에는 과거 철도로 단절된 서울역 동과 서를 연결해 지역의 활력을 회복한다는 숨은 목적이 있었다.

2015년 5월, 서울시는 시민들이 직접 고가도로를 거니는 행사를 진행하고, 2015년 12월 13일 0시에 도로를 폐쇄

○ The High Line, 뉴욕 맨해튼의 서쪽 허드슨강을 따라 운영되던 폐선로를 활용한 2.33㎞ 길이의 공원. 뉴욕 도심에 흉물로 남아 있던 철로를 제거하지 않고 공원으로 새롭게 용도를 재활용한 대규모 프로젝트이다. 하이 라인은 도시 재생 프로젝트의 대표적인 성공 사례로, 2009년 개장한 이래 연간 800만 명이 찾는 뉴욕의 대표적인 관광 명소가 되었다.

뉴욕 하이 라인

했다. 이후 2년간 부분 철거와 보수, 재생 공사를 진행하였으며, 준공 후에는 '서울로7017'이라는 새로운 이름으로 변경했다. 70은 고가가 준공된 연도 1970를 의미하며, 17은 재생을 위한 리모델링이 끝난 2017년을 의미한다. 서울로7017은 도시 재생을 통해 고가도로를 보행 길로 재창조하면서 고질적인 안전성과 도심 미관 저해, 주변 상권 등의 복합적 문제를 해결한 성공적인 프로젝트가 되었다.

서울로7017이 건립되기 전에 추진된 유사한 사례가 있다. 1993년에 개장한 프랑스 파리의 '가로수 산책길' 프롬나드 플랑테 Promenade plantée가 그 주인공으로, 뉴욕 하이 라인도 이곳에서 영감을 얻었다. 프롬나드 플랑테는 바스티 유역에서 뱅센 지역을 지나 베르뇌유레탕까지 이어진 옛 고가철도를 개조하여 만들었으며, 길이 4.7km에 이르는 세계 최초의 고가 정원 산책로이다. 이곳은 영화 〈비포 선셋 Before Sunset〉이 촬영된 장소이기도 하다.

하이 라인, 프롬나드 플랑테를 서울로7017과 비교하면, 앞의 두 곳은 기차가 다니던 철로였고, 서울역 고가는 차량이 다니던 공간으로 용도와 기능이 달랐다. 또 하이 라인과 서울로7017은 공중에 떠 있는 '공중 정원 보행로'이

철로, 도로를 개조한 해외 사례

	프롬나드 플랑테	하이 라인	서울로7017
준공	1993년	2009년	2017년
장소	프랑스 파리	미국 뉴욕	대한민국 서울
기존 용도	철로	철로	차량
건축 개요	4.7km(산책로)	2.4km(산책로)	1.02km(인공 구조물)
건축가	자크 베르젤리, 필립 마티유	제임스 코너	비니 마스
특이 사항	가로수 산책길	재생 프로젝트의 성공 사례	공중 정원

며, 신축이 아닌 재생을 통해서 효율성을 강화한 사례라는 점이 다르다.°

 2015년 5월 13일, 〈서울역 고가의 기본 계획안〉 국제 현상 공모전에는 해외 3팀, 국내 4팀이 참여했으며, 비니 마스의 〈서울 수목원〉이 최종 선정되었다. 비니 마스의 서울로7017은 인공 구조물이지만, 기존 차량의 이동 수단

○ 이와 유사한 성공적인 도시 재생 사례로 한강 선유도 공원(2002)이 있다. 국내 최초의 재활용 생태 공원으로, 국내 건축사무소인 조성룡도시건축과 조경설계 서안(정영선)이 참여했다.

을 사람들의 이동 길로 계획하여 뉴욕 하이 라인처럼 건물과 건물을 다양한 길로 연결해 도심 내 작은 숲길을 오가는 느낌이 들도록 설계했다.

그리고 이 설계를 체계적으로 진행하기 위해, 서울에서 생육이 가능한 모든 종류의 나무를 테스트하는 과정을 거쳐 2만여 그루의 다양한 식물을 조성하였다. 길게 뻗은 길을 따라 50과 228종, 2만 4천여 개의 꽃과 나무가 심어졌으며, 밤이 되면 LED 조명등과 화분을 둘러싼 원형 띠 조명이 아름답게 반짝이며 마치 무지개를 걷는 것처럼 보인다. 또 승강기와 연결 통로 등의 다양한 길을 통해 남대문시장, 회현동, 서소문공원 등 각종 명소를 연결했다.

서울로7017은 서울 고가도로가 처음 준공되었던 시기와 재생으로 새롭게 이용을 시작한 시기를 의미하지만, 이 공사를 진행한 시공사 홍익산업개발는 1970년 만들어진 고가도로가 2017년 사람이 다니는 17개의 길로 새롭게 재생됐다며 상징적인 의미를 부여하기도 했다. 이 사업의 정식 명칭은 〈서울역 고가도로의 도시 재생 공원화 사업〉으로, 인근 보행로와 고가도로를 연결하는 구조물들을 추가 설치하여 17개의 보행로와 통로로 연결했다.

비니 마스와 시공사는 시공 초기부터 안전을 최우선으로 협업하며 공사를 진행했다. 특히 D등급을 받은 고가 상판을 하나하나 철거하는 데 무려 6개월이라는 시간을 투자해 조심스럽게 진행했다. 1㎞ 남짓한 공사 구간의 단일 구조물을 해체하는 데 이렇게 오랜 기간이 소요된 이유는, 차량 소통이 가장 한가한 새벽 2시간만 작업이 가능했기 때문이다.

또 전체 사업비 597억 원 중 40% 이상을 고가 시설물의 안전 보강에 투입해 내진 1등급, 안전 B등급을 확보하고, 규모 6.3~6.5 지진에도 견딜 수 있도록 시공했다. 보행자의 안전과 추락을 예방하기 위해 강화 유리 안전난간 [높이 1.4~3m, 총 길이 2,171m] 도 새롭게 설치했다.

시민의 불편을 최소화하기 위해 일반적인 콘크리트 시공 방식이 아니라 프리캐스트 콘크리트° 시공 방식을 채용했다. 이는 사전 제작한 PC 바닥판 327개 [2m×10m] 를 설치하는 것으로, 공사 기간을 단축하고 비용을 절약했으며,

○ Precast Concrete, PC 공법이라 불린다. 전통적인 습식 공법은 현장에서 시간과 인력을 들여야 하는데, 이러한 단점을 해결하고자 벽과 바닥 등의 부재를 공장에서 미리 생산해 현장에서 조립하는 방식이다.

1. 서울로를 장식한 식물
2. 서울로 시설
3. 안전을 최우선으로 시공한 서울로

서울로7017 전경

공사 중 안전사고를 최소화했다.

이 외에도 호기심 화분 같은 즐길 거리부터 음수대나 화장실 등 편의 시설, 승강기, 보행로 폭까지 보행 약자를 위해 유니버설 디자인°을 고려하였고, 서울로7017와 주요 지점을 연결하는 승강기를 총 6개소에 설치했다. 출입구 경사는 설치 기준 $1/18$ 보다 더 완만하게 2% $1/50$ 로 낮춰 휠체어를 타고도 이용하기 편리하게 만들었으며, 전동 휠체어 충전 장치와 점자 블록, 점자 표지판, 음성 유도기 등을 구비해 시각 장애인이 이용하기 편리하게 했다.

○ Universal Design, 미국 론 메이슨(장애인 건축가)이 처음 정립한 디자인 개념으로, 모든 사람이 나이, 성별, 능력, 장애 등에 관계없이 안전하고 편리하도록 설계하는 디자인 철학.

건축물 소개

서울로7017
비니 마스

건축가 소개

이름	비니 마스(Winy Maas)
출생	1959년, 네덜란드
대표 작품	워조코 아파트(1997), 북 마운틴(2012), 마켓홀(2014)
국내 작품	안양예술공원 전망대(2005), 더 클라우드(2010) 등
수상 경력	프리츠 슈마허상(2000), NAI상(2002), 암스테르담 예술대상(2004)

건축 개요

이름	서울로7017
주소	서울특별시 중구 청파로 432
소유주	서울특별시
용도	고가도로
설계사무소	MVRDV
시공사	홍익산업개발
외부 마감	철골, 콘크리트조, PC 데크 패널

운영 안내

관람 시간	24시간 운영
입장료	무료
연락처	02-313-7017

대중교통

지하철	서울역(1, 4, 공항, 경의중앙) 1번 출구
광역버스	9401, 9703, 9710
간선버스	7011, 7013, 7021, 7013B, 7022, 7017, 262, 103, 701, 706
지선버스	402, 406, 503, 703, 604, 1711, 7024, 7016

SKT타워
아론 탄

을지로 SKT타워는 과거 SK텔레콤 본사 자리에 새롭게 건립한 건축물로, 기업이 추구하는 방향과 서비스 정신을 디자인으로 표현하고 있다. '고객에게 인사하는 제스처'를 구현해 고객과 소통하겠다는 이미지를 건축물에 반영한 상징적 설계안이다.

또 건축 법규 도로의 사선 제한° 규제를 아론 탄의 재치 넘치는 디자인 제안과 건축주의 결단으로 극복한 성공적인 결과물이다. SKT타워는 이로써 서울 도심 중앙부의 상징물로 부상했으며, 기업 문화를 대표하는 상징적인 스카이라인은 SK그룹의 영향력을 보여 준다.

건축물의 외부 마감은 작은 단위의 유리 커튼 월로 구성되었으며, 각 단위 커튼 월은 미세한 각도로 정교하게 설계되어 보는 이에 따라 생동하는 형상을 만들어 냈다. 외벽은 모두 파란색의 유리로 구성해 건물을 바라보는 각도와 빛의 반사각에 의해 다양한 질감을 느낄 수 있도록 했다. 또 스마트 빌딩 기술과 에너지의 효율화, 친환경 설계 등을 통해 환경 친화적인 건축 모델을 제시한 혁신적

○ 건축물의 높이와 형태가 도로에 인접한 지역에서 일정한 기준을 넘지 못하도록 제한하는 제도로, 일조권과 도로의 개방감을 확보하는 데 목적이 있다.

인 건축물이다.

아론 탄

아론 탄 Aaron Tan 은 1963년 싱가포르에서 태어나 홍콩을 근거지로 활동한 건축가이다. 미국 뉴욕 컬럼비아 대학교에서 도시공학을 전공했으며, 1990년부터 1993년까지 하버드 대학교에서 다시 건축학 학위를 받았다.

아론 탄은 건축과 도시 계획을 조화롭게 구성하여 '공학과 문화적 특성을 조화롭게 조합한 건축 제안'으로 명성을 얻었다. 특히 하버드 대학교 재학 시절 렘 콜하스 Rem Koolhaas 와 맺은 인연을 오랫동안 유지하며, 향후 그의 협력 파트너가 되었다. 1994년에는 렘 콜하스의 지원을 받아 홍콩에 OMA 아시아 지사를 설립하고 다양하고 새로운 가능성을 모색하며 건축 범위를 서서히 넓혔으며, 2001년 OMA 아시아의 이름을 RAD Research Architecture Design 설계사무소로 바꾸었다.

홍콩 AIA 타워, 싱가포르 오차드 로드 재개발 및 경제 계획, 중국 광저우 국제컨벤션센터와 도시 계획, 대만 고속도로 센터, 중국 베이징 국제학교 등의 설계를 진행하며,

그만의 독창적인 도시 계획과 건축을 알리기 시작했다.

이러한 활동으로 그는 2008년과 2010년 베니스 비엔날레 디자인상을 받았고, 홍콩 디자인상과 미국 보스턴 건축협회상을 수상했다. 2001부터 2013년까지 홍콩대학교 외부 심사관을 지냈으며, 현재는 건축가이자 디자이너, 도시 계획 전문가로 한국과 홍콩에서 활동하고 있다.

독특하고 혁신적인 아이디어

건축가 아론 탄은 미국 유학 시절 한국인 룸메이트와의 인연 덕에 1970년대에 한국을 처음 방문할 수 있었다. 건축가로서 홍대와 신촌 문화를 경험했으며, 서울뿐만 아니라 우리나라 곳곳을 방문하면서 우리나라 문화의 감성을 이해하기 위해 노력했다.

아론 탄은 서울 야경을 바라보며 자기가 느낀 감정을 독특하게 평가하기도 했다. 서울을 방문할 때마다 늘어나는 교회 십자가를 문제점으로 지적하며, "밤에 보는 서울은 공동묘지에 온 것 같은 충격을 준다."라는 거침없는 말로 서울의 독특한 도시 건축을 비판했다. 또 건축물을 세울 때 지역에 따라 개성을 살려서 개발하면 좋겠다는 조

1, 2. 압구정 리더스피부과의원 3. 전주대학교 스타센터

언을 자주 할 정도로 대한민국과 서울을 사랑한 건축가 중 한 명이다. 이에 부응하듯 서울과 지방에 크고 작은 프로젝트를 계획했다.

아론 탄의 대표적인 건축물은 '고개 숙인 건축물, 인사하는 건축물'로 화제를 모았던 서울 SKT타워^{2004}이다. 이외에도 강남 압구정 리더스피부과의원^{2011}, 전주대학교 스타센터^{2011}, 여수 엑스포 SK관^{2012} 등을 설계했다.

3

　서울 강남구 도산공원 근처 리더스피부과의원 빌딩은 압구정 성수대교와 도산 사거리 중간에서 독특한 외형으로 눈에 띈다. 규모가 크지는 않지만, '하늘을 향해 독특하게 돌출된 탱크의 포신 모양'을 한 건축물이다. 이 건축물은 지하 1층, 지상 5층 규모로, 외부에 나무 무늬 외장재와 복층 유리를 사용했으며, 3층부터 5층까지는 파격적으로 돌출된 전위적인 외형의 프로젝트이다. 설계 당시 건축주는 아론 탄에게 기존의 건축물 형태에서 벗어난 파격적인 설계를 요구해 지금의 독창적인 모습이 탄생했으며, 준공 후에 약간의 변화가 있었으나 원형은 변함이 없다.

아론 탄의 또 다른 건축물은 서울에서 3시간 남짓 걸리는 전라북도 전주대학교 복합건물이다. 날이 갈수록 지방 대학교의 인기가 시들해지자, 학교 당국과 당시 총장^{이남식}은 지방 대학교의 경쟁력 제고를 위해 세계적 건축가를 통해 학생을 유치한다는 혁신적인 생각을 실제로 추진했다. 다소 황당한 아이디어는 '캠퍼스 안에 또 다른 캠퍼스'를 조성한다는 혁신적인 설계 개념으로 추진되었다. 전주대학교 스타센터 프로젝트는 지하 2층, 지상 4층 규모이다. 외형은 신세대 감성과 조형미가 조화를 이루고 있으며, 내외부 공간을 효율적으로 연계하고 활용성을 극대화했다. 특히 건축물을 캠퍼스 중앙에 배치해 캠퍼스의 통로 역할을 하는 매력적인 공간을 만들었다. 380억을 투입해 4년에 걸쳐 완공된 스타센터는 현재 IT 서비스 등 편의 시설을 갖추고 살아 있는 도서관으로 운영되고 있다.

SKT타워

SKT타워 프로젝트는 2000년 초반 선경빌딩^{SK빌딩} 본사가 있던 장소에 새롭게 SKT타워를 건립했다는 상징성이 있다. SK텔레콤은 선경빌딩을 리뉴얼한다는 기존 계획을 대신해 SK그룹의 기업 이미지 개선과 경쟁력 강화 등을 목적으로 새롭고 혁신적인 사옥을 건립한다는 계획을 세웠다. 이를 위해 다소 실험적인 시도를 추진했고, 현재 그 건축물은 독특한 외형과 재미있는 숨은 이야기를 간직하고 있다.

서울 시민이 생각하는 SKT타워는 '고객에게 인사하는 듯 보이는 건물'이라는 다소 긍정적이고, 특이한 외형의 건축물이다. 이처럼 개성 있는 설계 디자인을 채택한 것은 건축가 아론 탄의 재치를 최태원 SK회장이 과감하게 수용한 결과이다.

지금은 사라졌지만, SK텔레콤이 초기에 개발한 폴더형 휴대폰은 휴대폰을 열면 폴더 부분이 앞으로 기울어지는데, 이 모습이 현재 건물의 외형과 유사해 보인다는 상징적인 의미가 있다. 결과적으로는 '인사하는 SK타워'와 휴대폰 폴더 모양의 유사성을 통해 기업 이미지를 긍정적으

SKT타워

로 상징화했다. 즉 SKT타워는 고객과 소통하는 모습을 적절히 디자인 과정에 담으려 노력한 사례이자 서울에 몇 안 되는 해체주의° 건축 양식의 건축물이다.

건축 허가를 진행 중에는 심의위원들로부터 '인사하는 입면'을 인위적으로 만들려고 건물을 굴절시킨 것이 아니냐는 질타를 받기도 했다. 또 공사를 감독하는 서울시 중구청은 공사 중에 사람들로부터 건물이 넘어지려 한다는 민원 전화를 수시로 받았다고 한다. 이처럼 SKT타워의 입면 형태에는 여러모로 많은 사연이 있다.

설계 정림건축, 진아도시건축 협업 역시 빠르게 추진되었으나, 2001년 8월 설계를 시작해 2004년 12월에 마무리할 때까지 유사한 건축물에 비해 2배 이상의 설계 시간이 투입되었다고 한다. 완성된 설계안은 지하 6층, 지상 33층, 연면적 2만 7천 평 규모로, 주요 용도는 사무 시설이었다.

공사는 SK그룹 계열사 SK건설 가 진행하였으며, 건립 비용으로 320억이 소요되었다. 시공사는 공사를 진행하기 전

○ deconstructivism, 1980년대 후반에 등장한 포스트모더니즘 건축의 한 경향으로, 전통적인 건축의 개념을 의도적으로 파괴하고, 비대칭적이고 불규칙한 디자인을 강조해 새로운 미적 긴장감과 역동성을 만들어 낸다.

건물 외벽 유리창

'정보 사회화를 위해 고객의 의견을 하나하나 반영하겠다는 기업 의지'를 대외적으로 나타내고자 '건물 형태의 굴곡진 외형 변화와 불규칙한 외장의 다른 각도'를 개인의 대화, 소통의 이미지로 다듬어 시공을 진행했다.

시공사가 가장 힘들어했던 시공 부분은 건물 외벽 부분이었다. 유리창들의 각기 다른 형태와 기울기는 고객 개개인의 다양한 의견과 요구를 의미하며, 이를 구현하기 위해 창마다 빛의 반사각 차이가 느껴지게 했다. 섬세하게 서로 다른 모습으로 시공되면서 건축물이 마치 살아 숨 쉬고, 혈관이 요동치는 듯이 보이게 했다. 시공사 관계자에 의하면, 외벽 유리면은 기본적으로 폭 1.3m, 높이 4m의 창을 사용하였으며, 각 창의 폭을 조금씩 다르게 적용해 흐르는 물결 같은 독특한 모습을 연출했다. 밤이 되면 외벽의 컬러 조명등이 프로그램에 따라서 건물을 다양한 색채로 비추며, 특별한 기간에는 화려한 색채와 글씨로 건물을 장식한다.

요철이 많은 외형으로 다양한 표정을 부각하고, 외부 조명을 활용해 야간에도 환상적인 이미지를 구현하기 위해 일본의 유명한 조명 디자인 회사 LPA Lighting Planners

Associates와 빌딩의 조명 계획을 협의하였다. 이러한 노력으로 다양한 컬러 연출을 통해 건물 외벽을 장식했다.

    SKT타워 내부 공간은 외부 환경과 단절되지 않고 자연스럽게 흐르듯 연결되어 개방감 있고 쾌적하게 조성했다. 특히 고객의 동선과 밀접하게 연계하고자 로비와 을지로 지하철 통로^{지하 1층}를 연결했다. 현재 지하층은 직원 복리를 위한 공간으로 구성되었고, 2층은 고객을 위한 접객 공간 및 회의실로 구성했다. 타워 저층부는 미디어 아트 작품 및 공공 예술에 대한 관련 기술을 지원하고 있다.

> 건축물 소개

SKT타워
아론 탄

건축가 소개

이름	아론 탄(Aaron Tan)
출생	1963년, 싱가포르
대표 작품	홍콩 AIA 타워(1998), 광저우 국제컨벤션센터(2002)
국내 작품	전주대학교 스타센터(2011), 압구정 리더스피부과의원(2011)
수상 경력	베니스 비엔날레(2008), 홍콩 디자인상(2010)

건축 개요

이름	SKT타워
주소	서울특별시 중구 을지로 65
소유주	SK텔레콤
용도	업무 시설
설계사무소	정림건축사사무소
시공사	SK건설
외부 마감	커튼 월

운영 안내

관람 시간	09:00~21:00
입장료	무료
연락처	02-6100-2114

대중교통

지하철	을지로입구(2) 4번 출구
광역버스	3201, 4103, 5500-2, 6015, 9000
간선버스	100, 105, 152, 202, 261, 472, N30
지선버스	7017, 7021

방문 추천 코스

용산역, 마포

상징성　작품성 ⭐　건축가 ⭐　접근성 ⭐

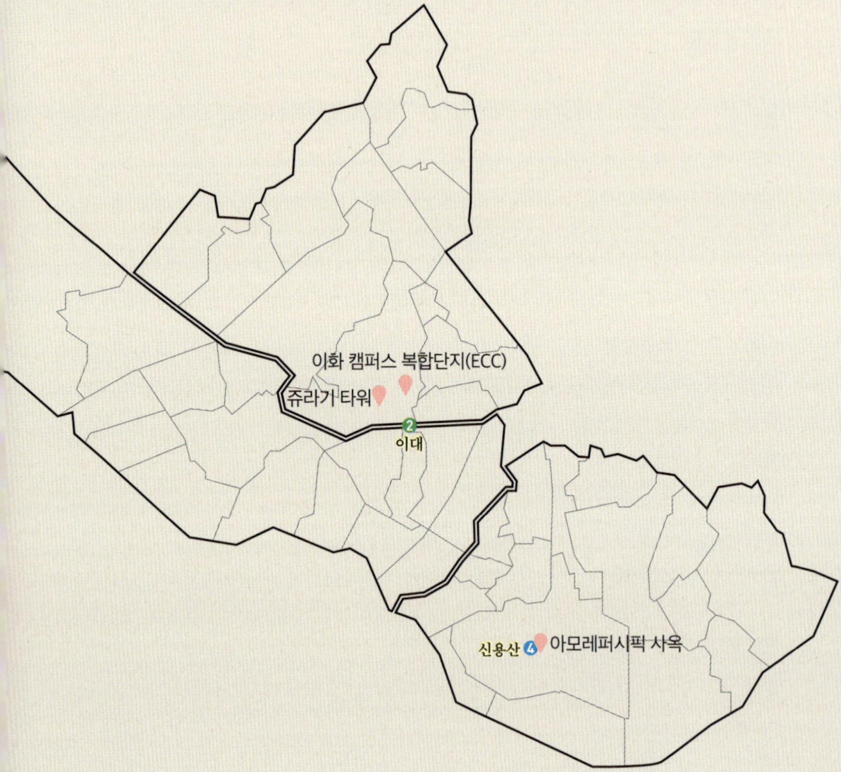

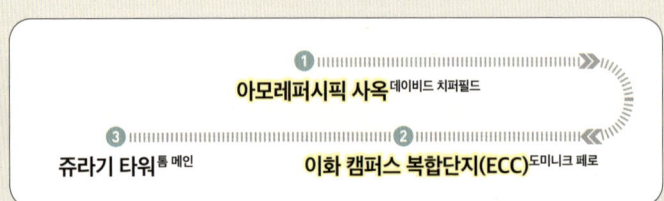

① 아모레퍼시픽 사옥 데이비드 치퍼필드
② 이화 캠퍼스 복합단지(ECC) 도미니크 페로
③ 쥬라기 타워 톰 메인

1980년대 국내 최대 전자 제품 상권이던 용산 전자상가와 주한 미군 기지 부지였던 용산공원의 중간에 있는 신용산역은 현재 주변의 대규모 재개발이 마무리되면서 서울 스카이라인의 변화를 직접 느낄 수 있는 곳이다.

세계적인 건축가 **데이비드 치퍼필드**가 이곳에 설계한 아모레퍼시픽 본사는 미술관, 카페, 도서관과 업무 시설로 이루어진, 미래 지향적 공공 문화공간이다.

아모레퍼시픽 본사와 3.5㎞ 떨어진 서대문구 대현동에는 프랑스 국립도서관 건립으로 유명한 **도미니크 페로**의 설계 작품 이화 캠퍼스 복합단지^{ECC}가 있다. 이 건축물은 건물 대부분이 지하에 있으며 주변 자연환경과 조화를 이룬다. 지상과 지하 공간을 적절하게 활용한 대표적 설계 사례로, 주변 환경과 지형을 재해석하고, 감성을 느낄 수 있어 추천할 만하다.

ECC에서 불과 1㎞ 떨어진 곳에 일반인에게 잘 알려지지 않은 **톰 메인**의 초기 작품 쥬라기 타워가 있다. 9층의 크지 않은 규모지만, 미국 뉴욕 쿠퍼 유니언^{2009} 설계 방향을 알려 주는 초기 실험적 설계안이어서 상징적 가치가 있다.

이 세 작품은 5㎞ 거리 안에 인접해 있으며, 각 건축물을 설계한 건축가는 각기 다른 건축 성향을 지녔음에도 모두 '건축계의 노벨상'으로 불리는 프리츠커 건축상을 수상한 공통점이 있어 특별하다.

아모레퍼시픽 사옥

데이비드 치퍼필드

데이비드 치퍼필드가 아모레퍼시픽 사옥을 구상할 때 가장 먼저 고민한 것은 '조선백자가 보여 주는 절제된 아름다움과 순수한 여백의 미'를 건축에 표현하는 것이었다고 한다. 그는 대한민국에서 가장 빠르게 변화하는 서울 용산을 가장 아름답고 간결한 형태로 입면화해 표현하였고, 편안하고 풍부한 공간감을 형성했다. 또 풍경을 건물 안으로 끌어들이는 한국 전통 건축인 차경 ^{자연 경치를 빌리는 것} 개념을 도입해 건물 중간층인 5층, 7층, 17층을 과감하게 비우고 정원과 여유로운 조경 공간으로 꾸미며, 직원들이 주변 경치를 보며 쉴 수 있도록 설계했다.

아모레퍼시픽 사옥 설계는 한국적 정서와 문화를 이해하고 표현한, 가장 아름다운 감성적 설계로 인정받았다. 이로 인해 데이비드 치퍼필드는 프리츠커 건축상[2023]을 받는 계기를 스스로 만들었다.

데이비드 치퍼필드

데이비드 치퍼필드 David Chipperfield 는 영국에서 가장 아름다운 서남부 도시 데번에서 1953년 출생했다. 그가 태어난 데번 지역은 중세 양식의 다양한 건물과 전통적인 고딕 성당, 수려한 자연 경관으로 특히 유명했다. 이런 지리적, 문화적 환경을 유년 시절부터 자연스럽게 경험한 것은 '건축은 자연과 하나'라는 감성을 체득한 계기가 되었고, '설계는 자연의 연결 고리'라고 인식하게 되었다. 데이비드 치퍼필드의 아버지는 손재주가 많아 건축 및 실내 장식으로 가족을 부양하였고, 부친의 예술적인 재능에 영향을 받은 그는 어린 시절부터 건축을 바라보는 시야와 기술 감각에 쉽게 친숙해질 수 있었다.

그는 1976년 영국 런던 킹스턴 예술대학을 졸업하였고, 1977년에는 영국 건축협회 건축학교 AA 스쿨에서 건축 학위를 받았다. 대학을 졸업한 후 파리 퐁피두 센터를 설계한 리처드 로저스 Richard Rogers, 애플 신사옥을 설계한 노먼 포스터 Norman Foster 등의 건축사무소에서 근무하며 체계적인 건축 실무 경력을 쌓았으며, 건축적 사고가 비슷하던 렘 콜하스 Rem Koolhaas, 레옹 크리에 Léon Krier, 베르나르 추미 Bernard Tschumi, 자하 하디드 Zaha Hadid 등과 교류했다. 1985년, 그는 데이비드 치퍼필드 건축사무소 David Chipperfield Architects를 설립하고, 런던, 베를린, 밀라노, 상하이를 중심으로 국제적인 건축사무소로 발전한다.

모더니즘 건축가

데이비드 치퍼필드의 재능을 알 수 있는 초창기 설계안은 영국 런던 슬론 지역에 있는 이세이 미야케 Issey Miyake 스토어 설계이다. 이 작품으로 성공적으로 데뷔한 그는 일본 지바현 개인 박물관[1987]과 교토 도요타[1989] 매장 디자인, 오카야마 마츠모토 회사 사옥[1990] 등 다수의 디자인을 의뢰를 받았다. 이를 계기로 데이비드 치퍼필드는 일본 도쿄에 별도의 건축사무소를 설립했다.

데이비드 치퍼필드의 건축 설계는 첨단 유행과 달라서 '모더니즘 건축가'로 불리며, 그만의 독창적인 건축 스타일과 표현 기법을 쉽게 발견할 수 없다. 외형적으로 특정한 건축 스타일을 고집하는 대신, 건축물의 위치와 주변 환경을 신중하게 고려해 하나하나 표현했다.

현재까지 문화, 주거, 상업 시설 및 인테리어, 제품 디자인 등 다양한 분야에서 활발하게 활동하고 있는데, 이러한 적극적인 사고와 노력으로 2004년에 대영제국 훈장을 받았다. 이후 피게 미술관[2005] 공모전에 참가해 설

1. 미국 피게 미술관 2. 독일 마르바흐 현대문학박물관

계와 시공을 맡았고, 독일 마르바흐 현대문학박물관²⁰⁰⁶을 설계했다. 스페인 발렌시아 아메리카 컵 빌딩²⁰⁰⁶ 설계로 2007년 스털링상을 받았으며, 독일 베를린 신 박물관 복원 설계로 2011년 유럽연합 현대건축상°을 수상했다. 2010년에는 울프 예술상, 2011년에는 영국 왕립건축협회^{RIBA}가 수여하는 로열 금메달을 수상했고, 2012년에는 영

○   EUmies Awards, 미스 반 데어 로에(Mies van der Rohe)상으로 불리며 1987년 유럽연합이 주최한 이래, 격년으로 수여하는 상이다.

국 건축가 최초로 베니스 건축 비엔날레를 기획했다.

피게 미술관 Figge Art Museum 은 2005년 8월에 건립된 미국 최초의 시립미술관으로, 미국 중서부 아이오와주 대븐포트에 있으며 도시 재생 프로그램의 대표적인 성공 사례이다. 이 미술관은 4,700만 달러의 건축 비용 중 1,300만 달러를 기부한 엘리자베스 칼 피게 재단 V.O. and Elizabeth Kahl Figge Foundation 을 기념하여 이름이 붙여졌으며, 데이비드 치퍼필드는 이 설계로 미국 건축가협회 AIA 상을 수상했다.

2006년에 설계한 독일 마르바흐 현대문학박물관은 데이비드 치퍼필드의 이름을 세계에 알린 계기였다. 이 건축물은 콘크리트와 유리, 목재 등 각기 다른 외벽으로 마감해 간결미와 견고함을 주는 그의 모더니즘 대표작으로 평가받는다. 이를 계기로 미국 세인트루이스 미술관에 새로운 전시관[2013]을 설치하는 작업, 2009년 독일 베를린 신 박물관 리모델링 작업 등을 수행하게 되었다.

 이후에도 크고 작은 프로젝트에서 인간과 자연을 연계하는 섬세한 기술을 표현하는 건축가로 이름을 떨치며, 런던, 파리, 도쿄, 뉴욕에서 다양하게 활동하고 있다.

 데이비드 치퍼필드는 2017년 서울 용산구에 아모레퍼시픽 사옥을 설계했는데, 이 작품은 2023년 프리츠커 건축상을 받은 계기 중 하나였다. 이후 우리나라에서도 세계 최고 고층 건축물상[대상]과 한국건축문화대상 대통령상, 대한민국 조경문화 대상 등 크고 작은 상을 다수 수상했다.

 데이비드 치퍼필드가 한국에서 설계한 두 번째 건축물은 서울 성수동 게임소프트업체 크래프톤[Krafton] 사옥이다. 정형화된 사각 매스 형태를 층별로 분절하여 다양한 표정을 가진 설계안으로, 공공성과 지역적 특성을 담아 국제 현상 공모를 통해 최종 선정되었다.

이 외에도 규모는 작지만 '사람들의 시간을 절약한다' 라는 의미를 지닌 할란 앤 홀든 플래그십 2020 매장 공간을 디자인하며 극단적인 미니멀리즘으로 브랜드 가치를 높였으며, 현재 성수동 삼표 부지 계획안에도 독일 건축가 위르겐 마이어 Jurgen Mayer, KPF, SOM 등과 함께 참여를 준비 중이다.

아모레퍼시픽 사옥

아모레퍼시픽 창업주 서성환 선대 회장은 1924년 황해북도 개성에서 태어났으며, 1945년 아모레퍼시픽의 전신인 태평양화학공업사를 창립하고, 지금 부지에서 사업의 기틀을 세웠다. 현재 아모레퍼시픽을 경영하고 있는 서경배 회장은 서성환 회장의 아들로, 한국 최초의 사외 여성 교양지 〈화장계〉를 발간했고, 1960년대 주부 인력을 활용하여 '아모레 방문판매사원 제도'를 생각해 낸 장본인이다. 또 우리나라 화장의 역사와 발달 과정을 알리고자 1979년 한국 최초의 화장품 전문 박물관인 태평양박물관을 개관했다. 그리고 글로벌 화장품 시장을 맞이하여 새로운 사옥을 세상을 아름답게 바꾸는 미美의 전당으로 만든다는 꿈을 실행했다.

아모레퍼시픽 본사는 용산 지구의 도시 구조를 크게 변화시킨 한국 최대의 고층 개발 사례로, 마스터플랜 일부가 용산 공원과 연계해 개발되었고, 상업 지구로 새롭게 탈바꿈하고 있는 핵심 구역에 자리한다. 가장 큰 특징은 4호선 신용산역과 지하 공공 보도가 직접 연결된다는 점이다.

건물 외부가 오픈된 거대한 정원이 가장 인상적인데, 데이비드 치퍼필드는 이런 공간 설계를 제안하고자 바깥 경치를 집 안으로 들여오는 전통 한옥의 설계를 적극적으로 채용했다. 정육면체 건축물의 3면을 뚫어 조성한 이 파격적인 공간은 5층과 11층, 17층에 있으며, 각각 5~6개 층 규모의 '공중에 떠 있는 하늘 정원'으로서 상징적이고 혁신적이다. 건축물은 자연 환기 및 일광의 효과를 극대화하기 위해 정원을 중심으로 신중하게 개발되었다. 열린 공간은 건물의 모든 부분으로 연결될 수 있도록 했으나, 아쉽게도 외부인은 이 공중 공원에 출입할 수 없다. 관리상, 안전상 필요에 의한 계획이라고 생각하지만, 개인적으로는 아쉬움이 남는 부분이기도 하다. 향후 외형을 손상하지 않는 범위에서 내부 공간을 개방해 프랑스 퐁피두 센터와 같이 효율적으로 운영하면 어떨까?

아모레퍼시픽은 신사옥 건립을 위해 설계의 방향성과 서울의 역사적 상징성, 업무 공간으로서의 계획성 등을 고려해 오랫동안 세부 추진 계획을 세우고, 세계적인 건축가 49명을 1차 대상으로 선정해 공모전 참여를 요청했다. 참가 의사를 밝힌 30명의 건축가 중 기본적인 설계 방향과 디자인 개념을 검토해 최종적으로 5명을 현상 설계 참여 대상으로 선정했으며, 여기서 데이비드 치퍼필드의 안으로 확정했다.

아모레퍼시픽 사옥은 데이비드 치퍼필드의 국내 첫 번째 작품으로, 대지면적 4,394평, 연면적 5만 7,201평, 지하 7층, 지상 22층 규모, 정방형 큐브 모양의 거대한 존재감을 보여 준다. 데이비드 치퍼필드와 협업 설계를 진행한 설계사[해안건축]는 그동안 축적되었던 다양한 설계 경험과 디테일을 지원했다.

시공을 맡은 건설사[현대건설]는 2014년 8월 착공 후 38개

아모레퍼시픽 사옥 내외부

월 만인 2017년 6월에 신사옥을 준공했다. 공사 비용으로 5,094억 원이 투입되었다. 녹색 건축 최우수 등급, 에너지 효율 1등급 건물로, 설계 초기 단계부터 친환경 시스템을 도입해 37.6%의 에너지 절감 효과를 얻었다. 시공사는 시공 효율을 높이기 위해 BIM°과 같은 첨단 기술을 본격적으로 활용해 다양한 문제점을 해결하며 공사를 순조롭게 진행할 수 있었다.

건축물 외벽은 유리와 백색 알루미늄 재질의 루버[핀. Fin] 2만 1,500개를 사용해 더블 스킨으로 시공되었다. 루버는 너비 450㎜, 350㎜, 250㎜, 200㎜의 네 가지 규격에 길이 4.5~7m로 제작해 각도에 따라 색이 변하면서 역동적으로 보이며, 불규칙하게 배열하여 단조롭지 않게 했다. 모든 루버는 디자인적 요소 외에도 에너지 절감 용도로 사용한 것으로, 날씨에 따라 각도를 통해 태양광이 직접 내부로 유입되는 것을 조절해 냉난방 요소를 감소하고 빛을 차단

○ Building Information Modeling. 계획 단계부터 설계, 시공, 유지 관리 등을 작성하는 도면 설계의 한 방식으로, 3D 가상 공간 구현 등의 정보, 모델을 작성하는 기술이다. BIM 기술의 활용으로 기존 2차원 도면 환경에서 어려웠던 기획, 설계, 시공, 유지 관리 등 각 단계의 사업 정보를 통합해서 관리할 수 있다.

한다. 이 루버들은 총중량만 3,300톤에 달하며, 1년 동안 제작, 시공한 물량으로는 국내 최대 규모이다.

건축가 데이비드 치퍼필드는 건축물 외관과 색채 이미지를 한국 백자에서 가져왔다. 백자의 절제된 외형은 그가 새 사옥 건축에서 보여 주고자 한 핵심 설계 개념이 되었다. 주요 건축 마감재인 노출콘크리트는 높은 층고가 돋보이는 1층 로비와 비상계단, 통로, 코어 벽체, 기둥, 아트리움 내부 거대한 격자 월, 콘크리트 난간에까지 시공되었다.

아모레퍼시픽 본사를 방문하면 엄청난 크기의 대형 아트리움[15.9M]을 마주한다. 1층 로비부터 3층까지 거대한 규모를 할애한 상징적인 공용 문화공간이다. 특히 1층에는 미술관과 라이브러리 등이 있는데, 이는 아모레퍼시픽 그룹이 지역 사회와 적극적으로 소통하기 위해 마련한 곳이다. 방문객이 자유롭게 체험할 수 있는 공간으로, 다채로운 기획전이 열리면서 공공성과 맞물려 더욱 상징적인 공간이 되었다. 2~3층 대강당에서는 다양한 문화 행사가 진행되며, 외부 고객을 위한 30여 개의 접견실, 고객 연구 공간과 아모레퍼시픽의 브랜드를 체험할 수 있는 매장 등

1, 2. 노출콘크리트로 마감한 1층 내부 3. 업무 공간 출입구 4. 지하철 연결 통로

을 조성해 고객과의 소통할 수있는 공간으로 꾸몄다. 같은 층에 있는 어린이집은 임직원 자녀 90여 명을 수용할 수 있는 공간이다.

   5층은 사무실 및 직원 복지 공간으로 구성되며, 800여 명이 동시에 이용할 수 있는 직원 식당과 카페, 피트니스 센터, 휴게실 등으로 꾸며졌다. 6층부터 21층까지는 업무 공간이다. 모든 사무실에 칸막이를 없애고 개방형 데스크를 설치했으며, 상하층을 자유롭게 이동할 수 있는 내부 계단도 마련해 보행자 이동에 효율성을 높였다.

> 건축물 소개

아모레퍼시픽 본사
데이비드 치퍼필드

건축가 소개
이름	데이비드 치퍼필드(David Chipperfield)
출생	1953년, 영국
대표 작품	미국 피게 미술관(2005), 독일 마르바흐 현대문학박물관(2006), 스페인 발렌시아 아메리카 컵 빌딩(2006)
국내 작품	아모레퍼시픽(2021), 롯데호텔 본관 리뉴얼, 성수 크래프톤(공사)
수상 경력	RIBA 스털링상(2007), RIBA 로열 금메달(2011), 프리츠커상(2023)

건축 개요
이름	아모레퍼시픽 본사
주소	서울특별시 용산구 한강대로 100
소유주	아모레재단
용도	오피스, 미술관
설계사무소	해안종합건축사무소
시공사	. 현대건설
외부 마감	브리즈솔레이, 유리, 노출콘크리트

운영 안내
관람 시간	10:00~18:00
입장료	무료
연락처	02-6040-2345

대중교통
지하철	신용산(4) 1번 출구
광역버스	6001, N6001, N6002
간선버스	100, 150, 151, 152, 400, 405, 500, 501, 507, 605, 742, 750A, N31, N72

이화 캠퍼스 복합단지 ECC
도미니크 페로

서울 청계천과 서울로7017이 서울의 도시 환경을 눈에 띄게 변모시킨 것처럼 도미니크 페로가 설계한 이화 캠퍼스 복합단지^{ECC}는 이화여자대학교 주변 지역의 표정과 분위기를 눈에 띄게 바꾸었다.

도미니크 페로가 설계를 위해 처음 부지를 방문했을 때, 그의 눈에 들어온 이화여자대학교는 아름다운 캠퍼스의 녹지와 감성적인 도시의 분위기를 갖고 있었다. 그가 생각한 설계의 최고 핵심 가치였다. 이화여자대학교 주변은 2000년부터 전선과 가로등이 지중화되었고, 건축물 외관의 광고판을 정비하는 등 깨끗하고 쾌적하게 관리되고 있었다.

도미니크 페로는 이화 캠퍼스 복합단지^{ECC}를 제안할 때, 기존 이화광장과 운동장을 과거와 현재가 이어지는 만남의 공간으로 계획해 경관을 해치지 않고 '땅의 가치를 최대한 활용한 지하 공간'을 적극적으로 이용한다는 새롭고 도전적인 아이디어를 선보였다. 오래전부터 순수한 기능만을 가진 지상 운동장을 과감하게 활용하여 사적 공간을 공공 공간으로 만들고, 지하 공간을 지상처럼 이용하도록 설계했다. 공간을 혁신적으로 개선하고 활용하기 위해 개방된 커튼 월 유리로 지하 외벽을 꾸며 자연 채광과 환기가 자연스럽게 이루어지도록 했다. 또 접근성이 좋은 두 채의 건축물 사이에 중심 광장 길을 배치하여 또 하나의 공간을 만들었다.

도미니크 페로

도미니크 페로 Dominique Perrault 는 1953년 프랑스 중부의 아름다운 도시 클레르몽페랑에서 태어났다. 이 지역은 중세 분위기와 현대 산업이 공존하는 도시로, 그는 이곳에서 유년 시절을 보내며 인간적 감성을 느끼며 생활했다. 이런 이유로 그는 프랑스 파리에서 전공한 건축 외에도 여러 분야에 관심이 많아 국립토목대학에서 토목학, 고등사회과학대학에서 역사학 석사를 취득했다. 다양한 학문을 공부함으로써 그는 인문학적 소양을 겸비할 수 있었고, 향후 무궁무진한 아이디어와 혁신적인 시도를 창출하는 배경이 되었다.

1981년, 그는 대학에서 졸업하고 본인의 이름을 딴 도미니크 페로 건축사무소 Dominique Perrault Architecture, DPA를 개설했다. 무명에 가까웠던 도미니크 페로가 이름을 알린 결정적인 계기는 36세였던 1989년 프랑스 국립도서관° 건축 공모전에서 1위로 당선한 일이다. 프랑스 파리 센강 변에 당당하게 솟아 있는 이 건축물은 프랑스 전 대통령 프랑수아 미테랑의 이름을 따서 '미테랑 도서관'으로도 불린다. 이 상징적인 프로젝트에서 당선한 것을 계기로 전 세계에서 주목받기 시작했다.

이어서 프랑스 국가건축상[1993], 유럽연합 현대건축상[1997], 그린 굿 디자인 어워드[Green Good Design Award, 2009]를 수상했고, 프랑스 건축가협회[AFEX]가 수여하는 그랑프리상[2010]과 프랑스 건축 아카데미 금메달[2015]까지 수상했다. 이후로도 다양한 기관에서 수상을 거듭했으며, 2021년에는 영예로운 프리츠커 건축상을 수상한다.

지금도 전 세계 각지에서 왕성하게 활동하며, 파리 아카데미 데 보자르[Académie des Beaux-Arts] 회원이자, 2021년부터는 대한민국 서울 도시건축 비엔날레 총감독으로 임명되었다.

○ 그가 설계한 프랑스 국립도서관은 우리와도 각별한 인연이 있다. 640년 전 고려 시대에 만들어진 현존 세계 최고의 금속활자 인쇄본 《직지심체요절》이 보관된 장소이기 때문이다.

리모델링의 대가

도미니크 페로의 건축 프로젝트들은 프랑스는 물론, 유럽과 한국, 일본, 중국 등 아시아에 다양하게 분포되어 있다. 가장 대표적인 프로젝트인 프랑스 국립도서관[1995] 외에도 독일 베를린 올림픽 벨로드롬과 수영장[1999], 룩셈부르크 유럽연합 대법원 청사[2008], 일본 오사카 타워[2010], 스위스 로젠 공대 빌딩[2011], 오스트리아 비엔나 DC타워[2014] 등을 설계했다. 또 베르사유 궁전 파빌리온 리모델링[2016], 2024년 파리 올림픽 선수촌 계획안과 시테섬 마스터플랜 등 프랑스의 대규모 건축 프로젝트를 총괄하며 그의 설계 역량을 전 세계에 알렸다.

1995년에 준공된 프랑스 국립도서관은 세계에서 가장 큰 수도원 도서관인 오스트리아 아드몬트 수도원 도서관[1776], 유네스코 세계문화유산으로 등재된 스위스 장크트갈렌 수도원 도서관, 대한민국 코엑스 스타필드 라이브러리[2017] 등과 함께 '세계에서 가장 아름다운 도서관' 중 하나로 손꼽힌다. 이 프로젝트는 도미니크 페로의 이름을 알린 첫 설계로, 땅을 직사각형으로 깊이 파서 중앙 정원 바닥에 숲을 만들고, 지상에는 4권의 책 모양 건물을 세운 것이

프랑스 파리 국립도서관

특징이다. 현재 전 세계에서 가장 크고 현대적이며 모든 분야를 어우르는 도서관으로 평가받으며, 프랑스인이 가장 사랑하는 도서관이자 인기 있는 공간으로 자리매김했다. 건축물 사이에 있는 중앙 정원에는 1만 2천㎡ ^{3,600평}에 이르는 아름다운 나무숲을 조성해 주변 도시 환경과 시끄러운 일상에서 벗어날 수 있는 조용한 장소로 구성했다. 외부에서 중앙 정원으로 바로 들어갈 수 없도록 설계해 처음에는 비난을 받았으나, 오히려 출입을 차단하여 아름다운 숲속의 정원이 될 수 있었다.

룩셈부르크 유럽사법재판소

룩셈부르크 유럽사법재판소 증축 설계[2019]는 일반 건축가가 좀처럼 손대지 않는 증축 리모델링 설계였다. 하지만 도미니크 페로는 이 프로젝트를 엄청난 열의로 진행하였고, '리모델링의 대가'라는 호칭을 얻었다. 이 설계안의 특징은 유럽사법재판소 기존 건물의 아래쪽을 활용해 증축 공사를 한 것으로, 이를 계기로 그는 베르사유 궁전 파빌리온, 루브르 박물관, 우체국 재건축 등 프랑스의 크고 작은 프로젝트 설계를 지속하여 수행할 수 있었다.

우리나라에서는 이화 캠퍼스 복합단지[ECC] 설계를 계기로 제주도 롯데 아트빌라스 B블록[2012], 용산 국제업무지구 설계 공모[2013]에 참여했으며, 2015년 11월 프랑스 대통령[프랑수아 올랑드]이 대한민국을 국빈 방문했을 당시 올랑드 대통령과 함께 이화여자대학교를 방문하여 엄청난 환영을 받았다. 이화 캠퍼스 복합단지[ECC] 설계 후 서울특별시 건축상[대상]을 수상했고, 제안 당시 제출했던 설계 모형은 뉴욕 현대미술관[MOMA]에 영구 소장되는 영광을 얻기도 했다.

이후로도 여수 예울마루[2023], 리츠칼튼 호텔 부지 재개발 계획[지하 7층, 지상 31층]안을 설계했으며, 압구정 2구역 재건축 공모 설계안[2023년, DA건축]에 당선됐다. 최근에는 국내 최대 규모의 영동대로 복합환승센터를 설계했는데, 이 프로젝트의 특징은 지하 공간에 지하철과 버스를 위한 통합 역사 건축물을 설치하는 것이다. 지하 6층, 연면적 16만㎡ 규모이며, 대지 800m 길이의 대형 구조물을 설치해 자연 채광이 지하 4층 깊이까지 스며들도록 설계했고, 도로 상부 전체를 대형 녹지 광장으로 계획했다.

여성만의 열린 공간

조선이 근대화에 눈을 뜰 무렵이던 1886년, '대한제국 근대 여성 교육의 새로운 시작'을 위해 이화여자대학교의 전신 이화학당이 건립되었다. 서울 중구 정동에 있는 건평 200평 규모의 작은 한옥 기와집이 이화학당의 시작이었다. 당시 건물은 학생 35명 정도를 수용할 수 있는 작은 규모였지만, 교실과 교사 숙소를 갖춘 제법 체계 있는 시설이었다.

여성 교육에 관한 관심과 기대 덕분에 학생 수가 기하급수적으로 증가하자, 1897년 기존 한옥 학교를 헐고 붉은 벽돌의 2층 건물인 메인 홀을 착공했다. 이 건물이 우리나라 최초 재건축의 사례이자, 최신 기술로 건립한 서구식 건물이었다. 1915년에는 심프슨^{Simpson} 홀을 건립했고, 후퍼 유치원[1921], 프라이 홀[1923], 황화사[1932, 기숙사]가 차례로 건축되었다. 그러나 지속적으로 교사 동을 건립했음에도 늘어나는 학생 수를 감당하기에는 역부족이었다. 이에 새로운 캠퍼스 건축을 고민하다가 과거 황실 능^陵 지역인 신촌에 5만 5천 평의 대지를 구입한다.

이화학당은 1935년 신촌 부지로 캠퍼스를 이전하고 본관, 음악관, 중강당, 체육관을 새롭게 건립하며, 본격적으로 발전의 계기를 마련한다. 건물들은 구미식 내부 시설을 갖춘 고딕 건축 양식으로, 건축 자재로 화강암을 사용했으며, 돌을 완자무늬로 디자인해 서양의 고급스러움과 한국의 고전적 미를 적절하게 조화해 아름답게 건립했다. 이듬해인 1936년에는 대학원 별관, 가사실습소, 진선미관, 영학관 등을 마무리한다. 우거진 숲속에 하얀색 화강암 건물들로 이루어진 이화 신촌 캠퍼스는 많은 이들로부터 부러움과 찬사를 동시에 받아 왔다.

이화 캠퍼스 복합단지^{ECC}

이화여자대학교는 2003년 이화 캠퍼스 복합단지^{ECC}

건립을 위한 계획 초기 단계부터 학교 발전의 장, 단기 계획을 수립한다. 그리하여 시대적 요구와 가치를 극대화하려는 방법을 총동원해 상징적인 결정을 내린다. 지명 설계 공모전 방식을 통해 사전 검토한 해외 건축가를 중심으로 설계 참여를 요청한 것이다. DDP를 설계한 자하 하디드, 일본 요코하마 국제여객터미널을 설계한 포린 오피스 아키텍츠 Foreign Office Architects, FOA 그리고 도미니크 페로가 지명되었다.

  2004년 2월 1일, 건축가들의 건축 설계안을 검증한 결과, 학교 당국은 도미니크 페로가 제출한 〈캠퍼스 밸리 Campus Valley〉를 선정했다. 당시 도미니크 페로와 설계사 범건축협업는 이화 캠퍼스 복합단지의 설계를 진행하면서 캠퍼스 내 지형을 철저히 분석하고, 실질적인 공간 사용자인 학생들에게 설문 조사를 하여 맞춤형 단지 계획을 수립했다.

  이화여자대학교 건축물들은 이화 캠퍼스 복합단지 ECC 건립 이전과 이후로 나누어진다. 캠퍼스 내부에 건립된 74개 건축물 중 도미니크 페로의 설계안은 '닫혀 있던 학교 건축을 열린 공간으로 한 단계 상승'시키는 데 중요한 역할을 담당했다. 또 시대성, 상징성, 장소성 등의 세 가지 요소를 모두 충족하며 주변 분위기를 혁신적으로 변화시켰고, 학교가 '어떤 가치를 추구할 것인지'에 대한 방향을 보여 주었다.

도미니크 페로는 '땅을 재단하는 건축가'라는 별명과 어울리게 이화여대의 지형을 적극적으로 검토해 지하 공간을 다양한 기능으로 활용할 것을 제안했다. 프랑스 국립도서관에서의 경험을 통해 얻은 '지하 공간의 미학적, 건축적, 친환경적 측면'의 건축 언어를 대한민국의 환경에 맞게 새롭게 반영한 설계이다.

이를 증명이라도 하듯, 이화 캠퍼스 복합단지 ᴱᶜᶜ는 우리나라 '최고의 건축 7위'로 선정되었다. 자국 건축가 위주로 선정 ¹~⁶위가 한국인 건축가하는 환경에서 도미니크 페로가 받은 긍정적인 평가는 무척 의미가 크다. 도미니크 페로의 설계가 실용성과 상징성을 모두 겸비한, 이화여자대학교가 원하는 설계 방향과 상징성을 일치시킨 최적의 제안이었기 때문일 것이다.

이화 캠퍼스 복합단지 ᴱᶜᶜ는 연면적 6만 8,657㎡ ²만 평, 6개 층으로 구성된 '신개념 지하 캠퍼스 공간'이다. 도미니크 페로는 지하 공간을 적극적으로 활용하기 위해 '오

1, 2. 이화 캠퍼스 복합단지 전경 3. 이화 캠퍼스 복합단지 배치도

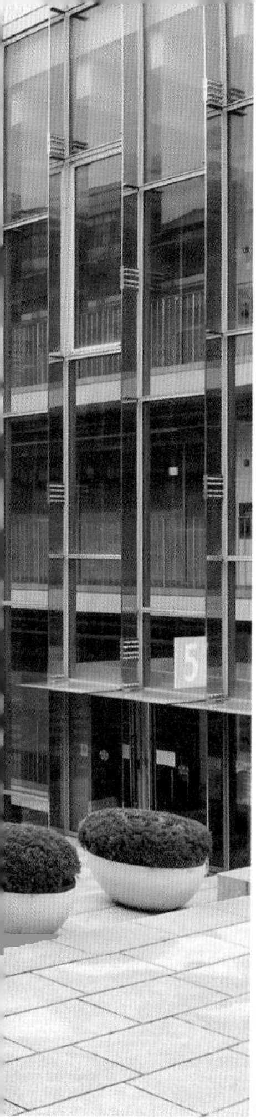

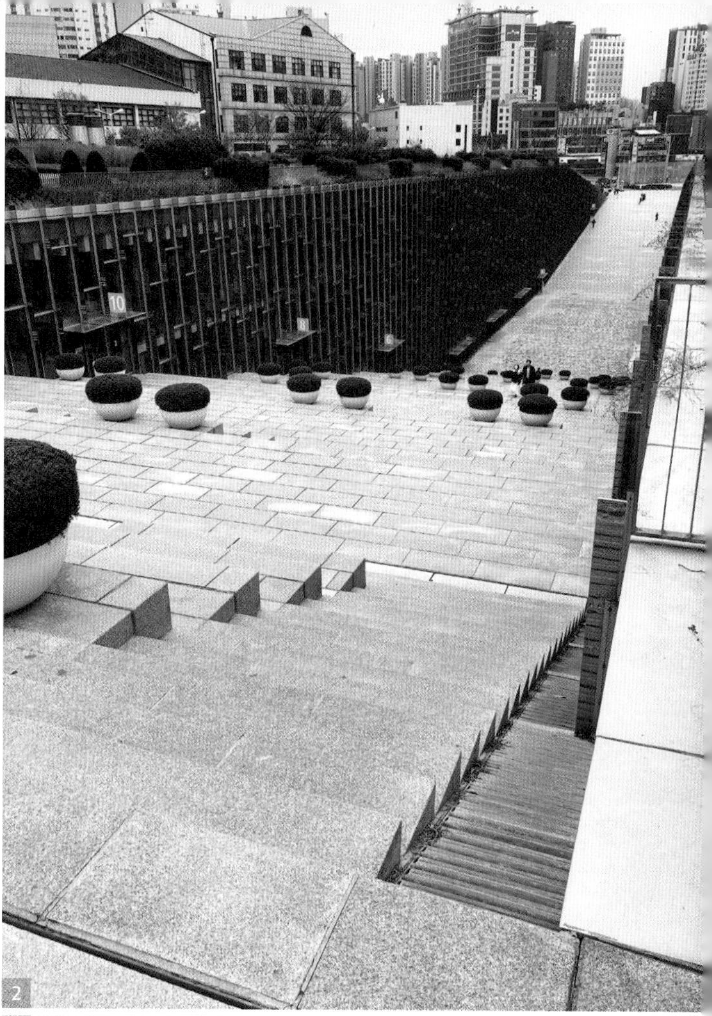

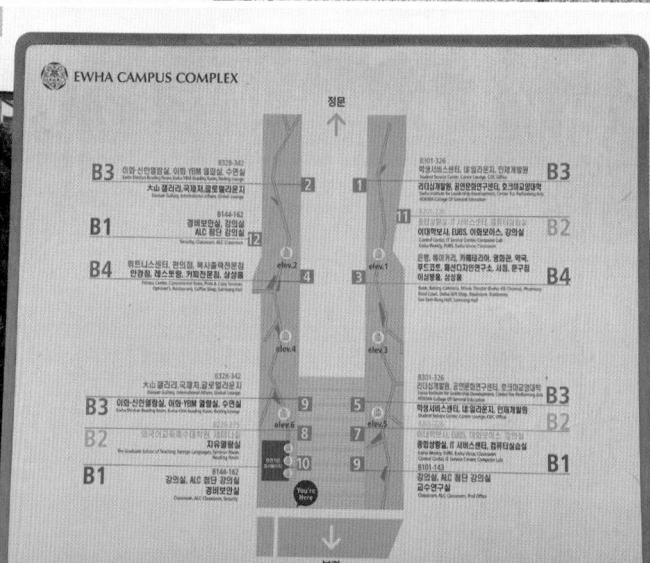

픈 밸리' 개념을 적용해 채광과 환기가 효율적으로 이루어지도록 설계하였고, 지하를 아늑하고 편리하게 느끼도록 했다. 이런 설계 방향은 학교 추진위원회로부터 가장 이상적이라는 평가를 받았다.

특히 지하 공간의 가치를 높이기 위해, 광장 외벽을 스테인리스 스틸과 유리 커튼 월°로 마감해 자연광을 적극적으로 수용했다. 지하 공간 위에는 꽃밭과 나무로 이루어진 옥상 정원을 조성했고, 지하에는 750여 대가 주차할 수 있는 주차장과 대형 강의실, 수십 개의 세미나실, 극장을 설계하였다.

이화 캠퍼스 복합단지 ECC 는 2005년에 공사를 시작해서 2008년에 준공되었다. 시공사 삼성물산 건설 부문 는 도미니크 페로의 설계안을 아름답게 표현하기 위해 기술적으로 다양한 노력을 했다. 그들이 가장 열의를 보인 부분은 과거 운동장이었던 캠퍼스 밸리 공간을 스테인리스 스틸을 사용해 커튼 월 구조물로 마무리하는 과정이었다. 구조적인 기능은 있으나 차가운 이미지의 철재를 예술적으로 승화

○ Curtain Wall, 외벽이 건물 하중을 부담하지 않고 마치 커튼을 친 것처럼 칸막이 구실만 하도록 마감한 것.

커튼 월 구조와 유리 외부

시키기 위한 것으로, 이 시공 방안은 딱딱한 커튼 월의 마감에 부드러운 감성을 더한 '신의 한 수'이다.

이화 캠퍼스 복합단지 ᴱᶜᶜ 건물 대부분을 차지하는 지하 공간은 열 보존과 냉각 시스템 등의 장비를 활용해 재생 에너지를 최대한 이용할 수 있도록 시공했다. 천장과 벽에는 지하수가 지나가는 파이프를 설치하여 지하수를 냉난방 시스템에 활용해 전체 에너지 소비량의 70%를 재생 에너지로 사용하도록 시공했다.

이화 캠퍼스 복합단지 ᴱᶜᶜ 설계가 성공적인 사례로 남은 이유는, 설계를 주도한 당시 학교 당국 담당자가 도미니크 페로의 혁신적인 설계안을 합리적으로 판단하고 선입견 없는 마음으로 결정한 덕분이라고 생각한다. 설계를 주도하는 사람의 앞선 생각과 역할이 얼마나 건축물을 다르게 변모시키는지 극명하게 보여 주는 성공적인 사례이다.

> 건축물 소개

이화 캠퍼스 복합단지(ECC)
도미니크 페로

건축가 소개

이름	도미니크 페로(Dominique Perrault)
출생	1953년, 프랑스
대표 작품	프랑스 국립도서관(1995), 베를린 벨로드롬 경기장(1999)
국내 작품	이화 캠퍼스 복합단지(2008), 제주 아트빌라스(2012) 등
수상 경력	유럽연합 현대건축상(2009), 프리츠커상(2021)

건축 개요

이름	이화 캠퍼스 복합단지(ECC)
주소	서울특별시 서대문구 이화여대길 52
소유주	이화여자대학교
용도	복합단지
설계사무소	범건축사사무소
시공사	삼성건설
외부 마감	커튼 월

운영 안내

관람 시간	09:00~22:00
입장료	무료
연락처	02-3277-2114

대중교통

지하철	이대(2) 3번 출구
광역버스	1000, 1004, 1100, 1101, 1200, 1300, 1301, 1302, 1400, 7101
간선버스	171, 172, 270, 271, 273, 472, 602, 603, 721, 742, N26,
지선버스	7011, 7017, 7611

동대문

상징성　작품성 ⭐　건축가 ⭐　접근성 ⭐

① 동대문디자인플라자 자하 하디드　② JCC 아트센터 안도 다다오

동대문 지역은 다양한 문화와 공원, 다국적 음식 거리와 정감 있는 카페들이 있는 떠오르는 공간으로, 서울에서 24시간 가장 활기찬 지역이다. 동대문 시장은 섬유와 패션의 중심지로, 3만 개 이상의 매장이 가득 들어차 있다. 아시아 최대 규모의 패션 산업 단지인 동대문 종합상가, 밀리오레, APM, 굿모닝시티, 두산타워 등이 있으며, 전통 재래시장인 종묘시장과 평화시장, 동문시장 등도 밀집해 있다.

아름다운 청계천은 주말과 밤에 외국인이 즐겨 찾는 곳으로, 청계천을 중심으로 크고 작은 공간에 과거와 현재를 이어 주는 다양한 건축 요소와 재미난 이야기를 간직하고 있다.

이 지역이 더욱 특별한 이유는 도보 거리 2.5㎞ 이내에 지하철 4호선 동대문운동장역과 혜화역이 있어, 세계적인 건축가 자하 하디드의 동대문디자인플라자[DDP]와 안도 다다오의 JCC 아트센터를 직접 볼 수 있기 때문이다.

여성 최초로 프리츠커상을 받은 **자하 하디드**의 동대문디자인플라자[DDP]는 서울의 문화 아이콘이자 글로벌 디자인 허브이다. 유기적이고 미래 지향적인 건축 형태를 통해 서울 도시의 이미지를 변화시켰다.

안도 다다오가 설계한 두 개의 건축물, JCC 아트센터와 크리에이티브 센터가 있는 혜화역과 대학로는 많은 볼거리를 제공하는 곳이다.

동대문디자인플라자 DDP
자하 하디드

동대문디자인플라자^{DDP}는 자하 하디드가 '서울에 최초로 설계한 건축물'이자 마지막 유작이다. 이 프로젝트는 한동안 대한민국 건축가 100인이 뽑은 우리나라 최악의 건축물 5위에 선정되기도 했다. 이렇게 비평받은 데는 건축 성향이나, 작품성, 엄청난 건립 비용 등 여러 가지 이유가 있을 것이다.

시간이 흐른 지금, 동대문디자인플라자^{DDP}는 '서울을 더욱 빛낸 대표적인 건축물'로 인정받고 있다. 다양하고 흥미로운 요소가 공간 구석구석에 더해져 오늘날 대한민국에서 외국인과 젊은이들이 반드시 찾는 명소이자 인스타그램^{Instagram}에 가장 많이 올라와 있는 장소이기도 하다.

동대문디자인플라자^{DDP}는 스페인 빌바오 미술관$^{프랭크\ 게리}$의 지역 환경이나 건립 방향과 유사성이 많다. 하나의 독창적인 건축물이 '도시를 대표하는 상징적인 건축물'이 되어 도시 가치를 구성하는 핵심 코어로 자리 잡아가는 과정도 비슷했다. 이렇게 지역적 한계를 극복하고 수도 서울의 새로운 환경 변화를 조성한 역할만으로도, 자하 하디드의 공로를 분명하게 인정하고 재평가해야 한다.

자하 하디드

자하 하디드 Zaha Mohammad Hadid 는 1950년 이라크 바그다드의 유복한 가정에서 태어나 스위스, 영국, 레바논 등 여러 국가와 폭넓은 분야에서 다양한 공부와 경험을 했다. 레바논의 수도 베이루트에 있는 아메리칸 대학교에서 수학을 전공하고 학위를 받았으며, 영국 런던의 세계적인 명문 건축학교인 영국 건축협회 건축학교 AA 스쿨에서 1972년부터 1977년까지 건축을 전공했다. 이 학교는 독립적이고 자율적인 성향으로 건축가를 양성하는 데 특화된 학교로, 자하 하디드는 이 학교를 졸업한 뒤 존경하는 건축 스승이자 동문 렘 콜하스 Rem Koolhaas, 엘리아 젱겔리스 Elia Zenghelis 등과 메트로폴리탄 건축사무소 Office for Metropolitan Architecture, OMA 에서 실무와 설계 협업을 진행했다.

자하 하디드가 세계 유명 건축가 사이에서 주목받는 이유 중 하나는 여성이라는 고정관념에 맞서 그만의 독창적인 건축관과 상상력으로 스스로 독립했기 때문이다.

자하 하디드는 OMA에서의 다양하고 창조적인 설계 경험을 계기로 1979년 건축사무소를 설립하고 그만의 건축 세계를 새롭게 펼치기 시작했다. 그러나 개업 후 10년

영국 런던 건축협회 건축학교

동안 그가 설계했던 대다수의 계획안은 현실적인 여러 문제를 발생시키는 실험적인 설계로, 건축주들에게 환영받지 못했다. 그래서 '종이 건축가 Paper Architect'라는 별명이 그를 따라다녔다.

자하 하디드는 다양한 공모전에서 우승하였으나, 다수의 건축주는 그 파격적이고 실험적인 건축을 부담스러워했다. 실제로 그의 실험적인 건축을 구현하려면 작지 않은 공사 비용과 오랜 공사 기간이 소요돼 투자의 효율을 중요시하는 건축주 입장에서는 현실적이지 못한 건축으로 인식되었다.

그러나 자하 하디드는 그와 생각을 같이하는 다니엘 리베스킨트, 피터 아이젠만 Peter Eisenman, 렘 콜하스, 프랭크 게리 등과 함께 평범한 형태보다는 새로운 스타일을 추구하는 데 관심이 많았다. 자하 하디드는 그들과 함께 포스트모더니즘°의 건축적 사고와 해체주의 건축 스타일을 추구하는 건축가로 평가받았다.

자하 하디드가 처음으로 전 세계의 주목을 받은 시기는 2002년 싱가포르 쇼핑타운으로 유명한 퀸스타운 원-노스 One-North 비즈니스 파크 계획과 홍콩 픽 레저 클럽 Peak Leisure Club 설계 제안이었다. 이 두 점의 설계안으로 그녀는 2003년 유럽연합 현대건축가상을 수상했으며, 2004년에는 여성 건축가로는 세계 최초로 프리츠커 건축상을 받았다. 그녀가 받은 프리츠커상에 주목하는 것은 가장 남성

○   Postmodernism, 20세기 중반에 시작된 문화, 철학 및 예술 사조. 건축적으로는 장식성을 회복하고 역사적 양식을 혼합하는 사조이다.

위주의 분야인 건축에서 여성 건축가로는 처음 '유리 천장을 깬 상징성'이 대단하기 때문이다.°°

파격적이고 실험적인 건축가

자하 하디드는 2007년에도 토머스 제퍼슨 메달°°° 수상을 계기로 아일랜드 수상 관저를 설계하는 등 국제적인 활동을 이어 갔다. 이후 모교인 영국 건축협회학교, 하버드 디자인대학원, 시카고 일리노이 대학교, 컬럼비아 대학교, 예일 대학교 등에서 학생을 가르치면서 미국 인문학회 명예회원이자, 미국 건축원 명예회원으로 등록되었다. 2012년에는 영국 왕실로부터 데임 Dame 작위를 받았고, 미국 하버드 일리노이 대학교 교수 등을 역임했다.

천재 건축가로 칭송받던 자하 하디드는 동대문디자인플라자 DDP가 개관된 지 2년 뒤인 2016년, 나이 65세에 심

°° 이후로 프리츠커는 또다시 여성 건축가에게 수상의 문을 열었다. 두 번째 주인공은 1956년생 일본인 세지마 가즈요(Sejima Kazuyo)로, 설계사무소 산나(SANAA)에서 '21세기 미술관'을 설계한 장본인이다.

°°° Thomas Jefferson Medal in Architecture, 1966년부터 건축 분야에 탁월한 공헌을 한 개인에게 수여되는 메달. 토머스 제퍼슨은 미국 지폐 2달러에 그려진 인물로, 미국 국민에게 사랑과 존경을 받은 정치인이자 건축가였다.

장마비로 갑자기 세상을 떠났다. 자하 하디드는 건축과 도시, 디자인의 경계를 끊임없이 연구했던 '혁신적인 건축가'이자 1980년대를 대표하는 '해체주의 건축가' 중 한 사람으로 꼽힌다.

자하 하디드 작품의 특징은 너무나 파격적이고 실험적인 구조와 형태, 파괴적인 힘을 가진 건물 외형이다. 자하 하디드 건축 세계의 시작을 알리며 스타 건축가의 반열에 올린 대표적인 작품은 독일 바일암라인의 비트라 소방서[1992]와 오스트리아 인스부르크 베르크이젤 스키 점프대[2002], 미국 신시내티 로젠탈 현대미술센터[2003] 등이다. 또 독일 볼프스부르크 파에노 과학센터[2005], 라이프치히 BMW 센트럴빌딩[2005], 이탈리아 로마 국립21세기미술관[2010], 영국 글래스고 교통박물관[2011], 중국 광저우 오페라하우스[2011], 상하이 스카이 소호 쇼핑센터[2013], 아제르바이잔 바쿠 헤이드라 알리예브 센터[2013] 등을 설계했다. 2013년 자하 하디드가 영국 런던에 건립한 서펜타인 파빌리온은 영구 건축물로 지정되있다.

비트라[Vitra] 소방서는 자하 하디드가 공모전을 통해 전 세계에 인정받은 대표적인 프로젝트로, 직접 설계와 시

오스트리아 인스부르크 베르크이젤 스키 점프대

공을 마무리하였다. 비트라 소방서는 노출콘크리트가 주는 단순미와 혁신적인 건축 외형이 주는 신선함이 느껴지는 건축물로, 현재 비트라 회사의 가구 제품을 전시하는 공간으로 사용되고 있다. 비트라 소방서 주변에는 유명 건축가들이 설계한 건축물이 많은데, 그중에서도 그의 설계안은 가장 비정형적인 입면과 파격적인 형상으로 마

1. 영국 런던 서펜타인 파빌리온 2. 독일 바일암라인 비트라 소방소

치 파빌리온^{Pavilion} 처럼 보인다. 그런데 이 설계안은 하늘을 향한 캐노피의 거대한 외형과 지나치게 경사지게 표현한 내부 구조물 및 지지 기둥이 궁금증과 불안감을 일으켰다. 실제로 엄청난 벽체 경사각으로 실내가 협소해지자 공간 활용에 관한 문제점이 다수 발생했다. 결국 이 건축물은 기능적 한계로 전시장으로 용도를 변경해 사용 중이다. 하지만 이 실험적인 건축 형태와 공간 구성은 그의 입지를 쌓게 된 결정적인 계기가 되었다.

　미국 남서부 신시내티 다운타운에 있는 로젠탈 현대미

술센터 Lois & Richard Rosenthal Center for Contemporary Art 는 자하 하디드의 미국 내 첫 번째 프로젝트로, 기획 및 특별 전시를 중심으로 운영되는 전용 미술관이다. 대지가 모퉁이에 있으나 도로 두 면만이 외부와 맞닿을 수 있는 부지 상황 탓에 건축물을 설계하는 데 좋은 환경이 아니었다. 이를 고민한 자하 하디드는 수직 매스와 대지 공간을 강조하는 설계 개념을 적용해 밝은 회색 몸체와 중간에 끼어 있는 검정색 매스로 외형을 구상하고, 각 층 내부는 로비를 통하도록 계획하였다. 내부 공간은 상호 유기적으로 디자인되

었고, 특히 저층은 다채로운 외장 계단이 아름답게 표현되어 있다. 또 도시의 카펫이라는 설계 개념을 적용해 건축물 주변의 환경을 효율적으로 연장하여 대중을 위한 공공적인 측면을 중요시하고 있음을 반영했다.

이탈리아 로마에 있는 국립21세기미술관^{Museo Nazionale delle Arti del XXI Secolo, MAXXI, 막시} 역시 자하 하디드의 특징과 감성을 느낄 수 있는 비대칭 작품이다. 3천억 원을 들여 건립했으며, 2010년 준공되었다. 건축 및 예술의 발전을 위하여 현대 예술 작품을 수집 및 보존, 연구, 전시하기 위하여 설립된 곳으로, 현재 수많은 현대 작품을 전시하고 있다.

역사와 문화를 아우르는 공간

동대문 지역은 광화문에서 종각을 거쳐 동쪽으로 이어지는 한양의 사대문 중 동대문^{흥인지문} 근처이며, 지하철 동대문역사문화공원역^{2, 4, 5호선}을 통해 쉽게 접근할 수 있다. 주변에는 동대문, 흥인지문 근린공원, 동대문종합시장, 광장시장, 평화시장, 동대문 패션타운으로 불리는 밀레오레, 두타, 청계천 헌책방 거리 등이 있는 강북의 대표적인 문화 거리이다.

이탈리아 로마
국립21세기미술관 막시

역사적으로는 1882년 임오군란 때 청나라 장군 오장경 吳長慶이 군사 5천 명을 거느리고 진을 친 곳이다. 일제 강점기였던 1925년 10월에 경성운동장이 건립되었고, 당시 이곳에서 조선 제27대 왕 순종의 장례식이 치러지기도 했다. 이처럼 국가의 크고 작은 집회의 장소로 민족의 아픔과 슬픔을 같이했으며, 1945년 8월 15일에는 일제의 식민통치를 끝내는 해방의 기쁨을 나누었던 첫 장소이기도 했다. 광복 이후에는 서울운동장으로 이름을 바꾸고, 단순히 운동장이 아닌 '국민과 함께한 역사적 공간'으로 기억되었다. 1966년에 국내 최초로 야간 조명탑이 설치되면서 우리나라 첫 야간 경기가 열리기도 했다.

제24회 서울 올림픽 유치를 계기로, 1984년에 잠실종합운동장이 건립되면서 이곳은 대한민국을 대표하는 종합운동장의 위상을 서서히 잃기 시작했다. 1985년에는 '동대문운동장'으로 이름이 변경되었고, 지역 운동장으로 축소되어 버렸다. 그러면서 이 지역에는 동대문과 동대문운동장, 낡고 쇠퇴한 서민 시장과 빌딩 몇 개만이 남아 옛 도심의 흔적만을 보여 줄 뿐이었다. 시간이 흐르고 2003년 3월부터 동대문운동장은 일반 경기장으로도 이

동대문운동장 변천 과정

1925년 경성운동장 》》 1945년 서울운동장 》》
1985년 동대문운동장 》》 2008년 철거

용되지 않았고, 임시주차장 및 풍물시장으로 사용되었다가 2008년 5월 14일에 철거되었다.

동대문디자인플라자 DDP

동대문디자인플라자 DDP는 자하 하디드가 설계한 한국에서의 첫 번째 작품이자, 마지막 유작으로 상징적 가치가 있다.

2007년 '동대문운동장 공원화'를 위한 국제 현상 설계 공모를 통해 본격적으로 계획이 추진되었고, 세부 지침 기준을 정하기 전부터 시민의 다양한 아이디어와 의견을 수렴해 건립을 준비했다. 설계 주최 측은 세계 각국의 유명 건축가 여덟 명에게 참여를 요청했고, 세계적인 건축가들의 다양한 개념 설정과 치열한 경쟁 구도를 통해 최종적으로 자하 하디드의 공모안이 선정되었다.

자하 하디드와 설계사 삼우종합설계사무소 협업 는 설계 과정에서 조선 후기 화가 이인문의 〈강산무진도 江山無盡圖 〉에 나타난 '변화무쌍한 대자연의 자연스러운 형태'에서 아이디어를 얻었다고 한다. 동대문디자인플라자 DDP 설계안의 제목인 '환유의 풍경 The Metonymic Landscape '은 구불구불 이어지는 언덕이 많은 우리 지형을 '환유 換喩 '라는 이미지로 표현한 것이다. 즉 동대문디자인플라자 DDP 의 외형은 이인문의 그림처럼 역동적으로 굽이치는 비정형의 아름다움이 돋보이는 유기적 형태를 상징화한 설계안이다.

동대문디자인플라자 DDP 설계안은 대지면적 6만 2,692㎡ 1만 9천 평 , 연면적 8만 6,574㎡ 2만 6천 평 , 지하 3층, 지상 4층 규모이며, 건축물의 최고 높이는 29m이다.

그런데 우리의 험난했던 역사와 문화가 담긴 상징적 장소임을 입증하려는 듯이 공사를 시작할 때부터 현장에서 다량의 역사적인 유적이 발견되었고, 공사 중 문화재 발굴 및 복원 작업이 진행되기도 했다. 이러한 역사적 흔적은 동대문디자인플라자 DDP 가 동대문역사문화공원으로 재조명되는 결정적인 계기가 되었다.

자하 하디드는 동대문디자인플라자 DDP 설계를 프랭크

지역 환경 발전과 연계한 건축물 사례

	구겐하임 미술관	테이트 모던	DDP
준공	1997년	2000년	2014년
사용 용도	미술관	미술관(현대미술)	다목적 공간
연면적	24,000㎡	27,000㎡	86,574㎡
건축가	프랭크 게리	헤르조그 앤 드 뫼롱	자하 하디드
공통점	쇠퇴한 공업 도시	폐허가 된 화력 발전소	낙후된 주변 환경
특이 사항	빌바오 효과 (디자인 도시)	리모델링 성공 사례 (원형 보존)	다양한 곡선과 역동감

게리의 스페인 빌바오 구겐하임 미술관과 같은 관점에서 시작한 것 같다. 설계를 진행하면서 동대문의 역사성과 역동성에 주목하고, 지역의 역사와 문화, 경제 토대 위에 24시간 살아 숨 쉬는 지역의 미래 가치와 비전을 놓치지 않고 설계안에 담으려 했다. 그리하여 대한민국과 서울을 대표하는 상징적 공간으로 자리 잡을 수 있도록 다양한 곡선으로 살아 숨 쉬는 생동감을 표현했다.

그러나 자하 하디드의 노력에도 불구하고, 막상 그의 설계안이 발표되자 그 혁신적인 건축 외형은 '낙후된 주변 환경과 어울릴 수 없는 입면'으로 평가 절하되기도 했

1, 2, 3. 〈강산무진도〉 일부 4, 5. DDP 메인 뷰

다. 또 자하 하디드 건축의 특징인 파격적인 설계를 구현하기 위해 어쩔 수 없었던 공사 기간의 장기화와 천문학적인 공사 비용으로 정치적, 사회적 문제가 발생했다. 건축 외적인 비판과 다양한 문제점들이 계속되는 부정적인 상황에도 서울특별시는 자하 하디드의 설계안을 현실화시키기 위해서 엄청난 예산을 투입했다.

동대문디자인플라자^{DDP}는 2009년 착공을 시작해 5년간 공사를 거쳐 2014년 3월에 개관했다. 초기 계획한 예상 공사비는 760억 원이었으나 실제로는 3,500억 원이 투입되었으니, 4배가 넘는 천문학적인 국민 혈세가 지출된 셈이다.

시공사는 자하 하디드의 비정형 설계를 효율적으로 구현하기 위해 기존 2차원 설계 방식을 버리고 3차원 입체 방식으로 시공하는 BIM 공법을 도입해 프레임 구조와 곡선판, 노출콘트리트 시공을 활용했다.

가장 시공이 어려웠던 부분은 파도가 물결치듯 한 곡

○ 동대문디자인플라자(DDP)와 스페인 빌바오 구겐하임 미술관 프로젝트는 시기만 다를 뿐 특정 지역을 발전시킨다는 목적이 같았는데, 각각의 건설비를 총액으로만 비교하면 투입 비용이 비슷하다.

DDP 외부 공간

1. 외부 마감 시공 과정 모형 2, 3, 4, 5. 내부 곡면과 계단

선 외형과 기둥이 없는 실내 공간이었다. 이를 위해 메가 트러스 Mega-Truss 와 스페이스 프레임 Space Frame 을 사용해 장스팬 Long-Span 과 곡면 캔틸레버 Cantilever 를 구현하고 내부에 기둥이 없이 아름다운 공간을 완성할 수 있었다.

건물 외부를 구성하는 패널 Panel 제작도 시공 과정에서 어려운 부분이었다. 5만 장 45,133 에 가까운 알루미늄 패널은 규격 및 형태, 곡률이 단 하나도 같은 것이 없어서, 패널들을 하나씩 제작해야 했다. 이런 어려움을 예상한 자하 하디드는 3D 구현을 위해 영국의 전문 기업을 추천하였으나, 이 회사는 각기 다른 패널을 제작하고 구현하는 기간만 15년 이상을 예상했다. 시공사는 고심 끝에 우리나라의 강점인 선박 제작 설계에서 아이디어를 얻어, 곡선 제작을 쉽게 하는 성형 프레스를 별도로 개발했다. 이로써 혁신적으로 공사 기간과 비용을 절감하여 원안과 동일하게 구현해 시공했다.

이 외에도 내부 대다수가 노출콘크리트로 마감되었는데, 이 역시 큰 비용과 오랜 시간, 근로자의 노련함이 필요한 쉽지 않은 시공 방식이다.

동대문디자인플라자 DDP 에는 어린 청소년과 노인, 장애인을 고려해 유니버설 디자인을 곳곳에 적용했다. 이로써 모든 보행자가 완만한 경사로를 통해 실내를 자유롭게 이동할 수 있으며, 곳곳에 벤치를 시공해 잠시 쉬어 갈 수 있게 했다. 특히 세락 벤치 Serac Bench 나 소니 워크맨을 디자인한 유명 디자이너 로스 러브그로브 Ross Lovegrove 의 의자 등 상징적인 예술 작품이 건축 언어로 표현되어 있어, 지금도 찾아오는 관광객을 당당히 맞이하고 있다.

건축물 소개

동대문디자인플라자(DDP)
자하 하디드

건축가 소개

이름	자하 하디드(Zaha Hadid)
생몰	1950~2016년, 이라크
대표 작품	바일암라인 비트라 소방서(1993), 신시내티 로젠탈 현대미술센터(2003), 로마 국립21세기미술관(2010)
국내 작품	동대문디자인플라자(2014)
수상 경력	유럽연합 현대건축상(2003), 프리츠커상(2004), RIBA 로열 금메달(2016)

건축 개요

이름	동대문디자인플라자(DDP)
주소	서울특별시 중구 을지로 281
소유주	서울특별시
용도	전시 및 홍보관
설계사무소	삼우종합건축사사무소
시공사	삼성건설
외부 마감	AL 외장 패널

운영 안내

관람 시간	10:00~20:00
입장료	무료
연락처	02-2153-0000

대중교통

지하철	동대문역사문화공원(2, 4, 5) 1번 출구
광역버스	6702, N6701
간선버스	105, 144, 152, 261, 301, 420, 507, N13, N16, N30, N62
지선버스	2012, 2015, 2233, 7212

NEW
강남
TOWN

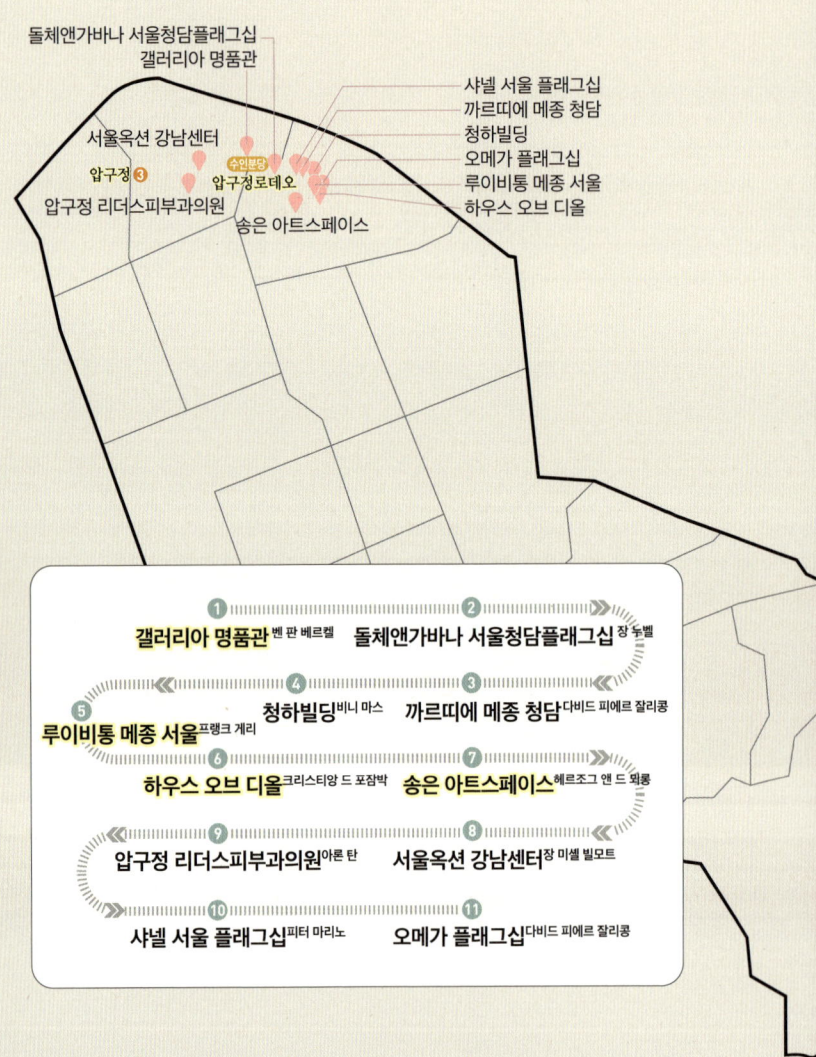

청담동은 강남구 북동쪽 한강 근처 지역으로, '강남 패션의 메카이자 건축가의 경연장'으로 불린다. 1996년 서울특별시 '특화 거리 조성사업' 시기에 국내외 유명 건축가의 작품이 집중적으로 건립되었고, 단순한 쇼핑 중심지를 넘어 문화와 라이프스타일이 집약된 지역이다.

이 지역은 구체적으로 **벤 판 베르켈**이 설계한 갤러리아백화점 명품관 WEST를 시작으로, 삼성동 방향 청담 사거리까지 1.5㎞ 거리를 말하며, 30개의 크고 작은 플래그십˚ 스토어 경연장이다. 프리츠커 건축상과 RIBA 로열 금메달 등을 수상한 건축가의 건축물이 포진해 있어, 명품 건축물을 비교해 볼 수 있다.

장 누벨이 설계한 돌체앤가바나 서울청담플래그십[2021]은 검정색 화강석과 유리의 강렬한 시각적 대비를 느낄 수 있고, 프랑스 건축가 다비드 피에르 잘리콩이 설계한 까르띠에 메종 청담[2008]은 한국 전통 보자기에서 영감을 받아 고급스러운 황금색으로 마감한 아시아 최초의 단독 플래그십 부티크이다. 청하빌딩[2013]은 1980년 지어진 오래되고 낡은 건축물을 **비니 마스**의 감성적 설계로 매끈한 곡선과 LED 조명을 활용한 창문으로 독창적인 파사드로 재탄생했다. 샤넬 서울 플래그십[2019]을 설계한 피터 마리노는 미국인 건축가이자 인테리어 디자이너이다. 다비드 피에르 잘리콩은 오메가 플래그십[2016]을 파도 형태의 외관과 매혹적인 디자인으로 리뉴얼했다. 프랑스 건축가 장 미셸 빌모트는 구릿빛 메탈과 메시 유리를 사용하여 미적 감각과 공간적 깊이를 반영해 서울옥션 강남센터[2019]를 복합 문화공간으로 설계했다.

○ Flagship, 플래그십은 여러 개의 배 가운데 가장 앞선 지휘선을 의미한다. 선두에 서서 한 기업의 주력 매장으로 상품을 홍보하고 판매하는 장소를 플래그십 스토어라고 한다.

갤러리아백화점 명품관 WEST
벤 판 베르켈

벤 판 베르켈은 서울 압구정의 시작을 알리는 갤러리아백화점 명품관 WEST 설계에서 물고기 비늘 모양의 외관 리모델링을 제안하고, 건축 외형을 미디어와 조명으로 장식했다. 그리고 미디어 아트를 통해 다양하고 경이로운 아름다움을 부각하여 건축물의 상징성과 인지성을 강화했다. 이 초대형 시설물은 사람의 움직임과 계절에 따라 독창적이고 아름다운 영상을 표현해 왔는데, 특히 러시아가 무력으로 우크라이나를 침공했을 때는 미디어 파사드를 통해 우크라이나 국기를 보여 주며 전쟁이 조기 중단되기를 기원했다.

벤 판 베르켈의 혁신적인 제안은 대한민국 백화점과 유통업계에서 명품 Luxury Goods 의 이미지를 부각시키는 데 성공적으로 기여했다.

벤 판 베르켈

벤 판 베르켈 Ben van Berkel 은 1957년 네덜란드에서 네 번째 큰 도시인 위트레흐트에서 태어났다. 이 도시는 근대 건축의 상징적 작품이자 미니멀리즘을 탄생시킨 슈뢰더 하우스[1924]가 있는 지역으로, 이 건축물은 유네스코 세계유

산에 등재되었다.

　벤 판 베르켈은 네덜란드 암스테르담에서 가구 디자이너가 설립한 헤리트 리트벨트 아카데미 Gerrit Rietveld Academy 에서 예술, 디자인, 건축을 전공했으며, 영국 건축협회 건축학교 AA 스쿨를 건축 석사로 졸업했다. 1988년에 아내 캐롤라인 보스 Caroline bos 와 네덜란드 암스테르담에서 벤 판 베르켈 앤드 보스 건축사무소 Van Berkel & Bos Architectuurbureau 를 공동 설립하고 본격적으로 건축을 시작했고, 이후 상호를 UN 스튜디오 United Network 로 변경했다.

　UN 스튜디오는 '다양한 분야의 전문가들이 네트워크를 형성하고 그들의 건축 및 이론 영역에서 창조적 활동을 위해 노력한다'라는 상징적 의미를 추구했다. 이곳에서 그들은 독창적인 건축 세계를 구축하며 전 세계에 충격과 호기심을 불러일으켰다. 오늘날에는 약 250명의 건축가들이 소속돼 있으며, 건축, 도시 개발 및 인프라 프로젝트를 전문으로 하는, 네덜란드를 대표하는 건축사무소로 발전했다. UN 스튜디오는 암스테르담과 프랑크푸르트, 두바이 및 멜버른 등에도 건축사무소를 운영 중이며, 전 세계를 그들만의 네트워크로 연결하고 있다. 대표적으로 2009년에는 중국 상하이와 홍콩에 아시아 UN 스튜디오를 설립해 다재다능한 전문 건축가로 구성된 다국적 팀을 갖췄다.

벤 판 베르켈은 자신만의 건축 개념을 추구하기 전, 건축 이론의 대가 피터 아이젠만 Peter Eisenman °, 삼성동 현대 아이파크 타워 [2011] 를 설계한 다니엘 리베스킨트, 부산 영화의 전당 [2011] 을 설계한 쿱 힘멜블라우 Coop Himmelblau 에게 가르침을 받았으며, 자하 하디드와 영국 AA 스쿨 동문이기도 하다. 벤 판 베르켈은 이들과의 교류를 통해 파격적이고, 비대칭적 균형을 추구하는 해체주의 디자인의 기초를 닦았다.

벤 판 베르켈은 모더니즘에서 보여 주는 직선 공간 구성과 표현에서 과감하게 벗어나야 한다고 강조했으며, 디지털과 기하학적인 융합을 발전시키며 건축 재료를 다양하게 실험했다. 아울러 해체주의에 관해 같이 고민했던 학자 및 건축가를 만나며 아이디어를 얻었으며, 특히 건

○   대표적인 해체주의 건축가로, 베를린 유대인 추모공원을 설계했다. 현재 예일 대학교 교수로, 명성에 비해서는 세계적인 건축상을 받은 경험이 없다.

축가 외에 디자이너, 스타일리스트 등과도 다양한 협업을 진행했다. 그는 이 시기에 터득한 이론들을 프로젝트에 지속적으로 표현하였다. 이런 노력과 연구로 그와 UN 스튜디오는 건축과 도시 개발, 도로 및 공원, 철도 등의 분야에서 다양한 전문가들과의 네트워크를 통해 발전을 지속했다.

벤 판 베르켈은 기회가 될 때마다 전 세계 건축학교에서 강의하며 후배 건축인과 교감하기 위해 노력했으며, 특히 로테르담 베를라헤 연구소[1992]와 영국 건축협회[1999]에서는 그가 추구하는 건축에 관해 강의하기도 했다. 이후 독일 프랑크푸르트의 미술학교 슈테델슐레 Städelschule 학장, 미국 뉴욕 컬럼비아 대학교와 프린스턴 대학교 초빙교수로 재직하였으며, 2011년에 하버드 디자인대학원 의장으로 임명되었다.

벤 판 베르켈은 건축적 상상과 재료 사용의 다양성, 엔지니어링을 통합하는 포괄적인 접근법을 중요하게 생각했다. 이런 지속적인 건축 및 연구 활동으로 모더니즘의 선구자에게 수여하는 에일린 그레이상[1983], 영국 의회 펠로우십[1986], 네덜란드의 대표적인 문화예술상인 샬럿 쾰

러상[1991]을 수상했다. 또 찰스 젱크스상[2007], AIA 펠로우십[2013] 등을 받았다.

독창적인 건축 세계

벤 판 베르켈은 네덜란드 로테르담 에라스무스 다리[1996]와 뫼비우스 하우스[1998], 독일 슈투트가르트 벤츠 뮤지엄[2006] 설계를 통해 세상에 자신을 알렸다. 미국 뉴욕 맨해튼의 고급 주거 건물 파이브 프랭클린 플레이스[5 Franklin Place, 2009], 네덜란드 아른헴 중앙역[2015], 도쿄 루이비통 플래그십 스토어도 그의 작품이다.

그의 대표적인 설계안인 에라스무스 다리[Erasmusbrug]는 네덜란드 로테르담에서 두 번째로 큰 다리로, 1996년에 완공됐다. 이 다리는 마치 백조가 목을 하늘로 뻗은 것처럼 매우 독특하고 아름다우며, 양쪽에 배열된 거대한 강철 케이블은 백조의 날개를 펼친 것처럼 보여서 '백조의 다리'라고도 불린다.

벤츠 뮤지엄은 2006년 5월에 준공됐으며, 독일 슈투트가르트에 있는 세계적인 자동차 회사 메르세데스 벤츠의 창립 50주년을 기념하기 위하여 건립되었다. 지상 8층 규

1. 네덜란드 로테르담 에라스무스 다리 2. 독일 슈투트가르트 벤츠 뮤지엄

모이며, 자유로운 나선형 곡선과 절제된 면들로 구성되었다. 이곳에서는 120년 벤츠의 역사를 한눈에 볼 수 있는 12개 전시관, 1886년 특허를 얻었던 전동차부터 특수 용도로 제작한 희귀 자동차와 경기용 스포츠카, 최근에 출시된 새로운 모델에 이르기까지 자동차의 모든 것을 전시하고 있다. 특이하게도 건물 내부는 노출콘크리트로 마감되었으며, 모든 전시관은 연속적으로 경사진 램프와 자유로운 동선을 통해 관람객 중심으로 연결된다. 현재 이 건축물은 현존하는 자동차 박물관 중 가장 뛰어난 설계안으

2

로 평가받는다.

　갤러리아백화점 명품관 WEST[이하 갤러리아 WEST]는 대한민국에서의 첫 번째 설계안[2004]으로, 아름답고 화려한 유리 디스크 판과 발광다이오드[LED] 조명을 선보이며 우리나라에 처음으로 자신을 알렸다. 천안 갤러리아 센터시티[2010]를 통해 지방에서도 화려한 설계를 선보였으며, 아파트와 오피스텔로 구성된 수원 아이파크 시티[2015], 대구 월배 아이파크[2015] 등 대규모 아파트 단지 설계도 진행했다. 을지로 한화그룹 사옥 리뉴얼[2018], YG 신사옥[2021], 천안 대한민국

한화그룹 본사

축구종합센터[2022], 압구정 재건축[2023], 한남동 4구역과 광명 시흥 신도시 개발[2025] 등도 그의 설계이다.

    1980년에 준공된 한화그룹 본사 사옥은 주변의 발전과 비교해 시대에 뒤처진 건물이었다. 이에 한화그룹은 미래 지향적인 기업의 사옥으로는 어울리지 않는다는 의견을 극복하고자 새로운 디자인 개념을 도입해 기업 이미지의 변화를 꾀하였다. 이후 한화그룹은 건축 외형이 주변 환경과 어우러지면서도 독창적인 디자인이어야 한다는 설계 방향과 콘셉트 개념을 정하고, 벤 판 베르켈에게 편의성, 에너지 효율성을 요구했다. 벤 판 베르켈은 한화그룹 본사 외형을 파라메트릭° 입면 디자인과 비정형성 패턴들로 변화를 모색하여 독창적인 건축 외형을 창조하였고, 통합 확장성을 고려한 커튼 월 입면으로 미래 지향적인 빌딩 운영 체계와 주변 건축물과의 차별화를 표현했다.

○   Parametric, 디지털 기술을 통해 입체적인 이미지를 연속하는 기하학적 패턴으로 표현하는 디자인 기법. 여러 개의 독립적 변수를 직선, 곡선 또는 표면 등의 그래픽 데이터로 처리하는 방식이다.

국내 최초로 시도된 미디어 파사드

갤러리아 WEST는 신축 건물이 아니라 서울 압구정에 있는 한양아파트 단지의 부속 건물이었다. 초기에는 한양그룹 계열사 한양유통이 '한양쇼핑센터'라는 이름으로 개점했으나, 한양유통은 1985년 한국화약그룹에 인수되었고 1990년에 회사 명칭을 '한화유통'으로 바꾸었다. 1997년, 한화유통은 백화점 브랜드를 '갤러리아'로 통일하는 B.I°를 진행하면서, 대전 동양백화점을 추가로 인수하고, 그룹 장기 플랜을 계획했다.

갤러리아 명품관은 현재 도로를 사이에 두고 WEST와 EAST, 두 건물로 분리되어 있다. 갤러리아 WEST는 압구정로데오역 7번 출구 바로 앞에 자리 잡고 있어 접근성과 편의성이 매우 좋다. 2004년 9월 갤러리아백화점 명품관 개점을 계기로, 현재의 건축물을 갤러리아 명품관 WEST로, 기존 명품관으로 쓰던 동관을 명품관 EAST로 명칭을 변경하고 대폭적인 리뉴얼 Renewal 을 진행한다.

갤러리아 WEST는 지하 1층, 지상 4층 규모로, 외부 미

○ Brand Identity, 브랜드의 상표, 마크, 로고 등을 통일해 브랜드의 개성을 만들어 신뢰성을 주고 이미지를 정착시키는 것.

디어 파사드°° 및 세부 디자인 계획을 UN 스튜디오가 주도했다. 우리나라에서 최초로 시도되는 미디어 파사드 건축물로, 도시의 건축물을 정보 전달 매개체로 사용한 화려한 프로젝트였다.

벤 판 베르켈은 이 설계를 통해 무미건조한 건물 외부를 반투명 발광 디스크 판 Light Emitting Diode, LED 조명을 이용해 상징적인 이미지 영상으로 장식한다는, 파격적인 외형과 혁신적인 기술 융합으로 변화를 선도했다. 설계 콘셉트 디자인은 벤 판 베르켈과 캐나다 유명 건축 디자인 회사 버디필렉 Burdifilek 의 협업으로 이루어졌다. 주간에 외벽 디스크 판은 물고기 비늘처럼 보인다. 이 미디어 파사드는 지름 83㎝, 4,330개의 반짝이는 유리 디스크 판과 특수 LED 조명을 이용해 보는 각도에 따라 무지개처럼 빛나도록 시공되었다. 야간에는 다양한 의미를 지닌 상징적이고 화려한 영상을 보여 주며, 기존의 식상한 영상 홍보에서 벗어나 독특한 발상으로 만든 콘텐츠를 통해 탁월한

°° Media Facade. 미디어와 건물 외벽(facade)을 뜻하는 파사드가 합성된 용어로, 건물 외벽에 콘텐츠 영상을 투사하는 방식에서 더 나아가 아예 건물의 벽면을 디스플레이용으로 사용하는 것을 의미한다.

1. 갤러리아 명품관 전경 2, 3, 4. 미디어 파사드(유리 디스크 판 상세)

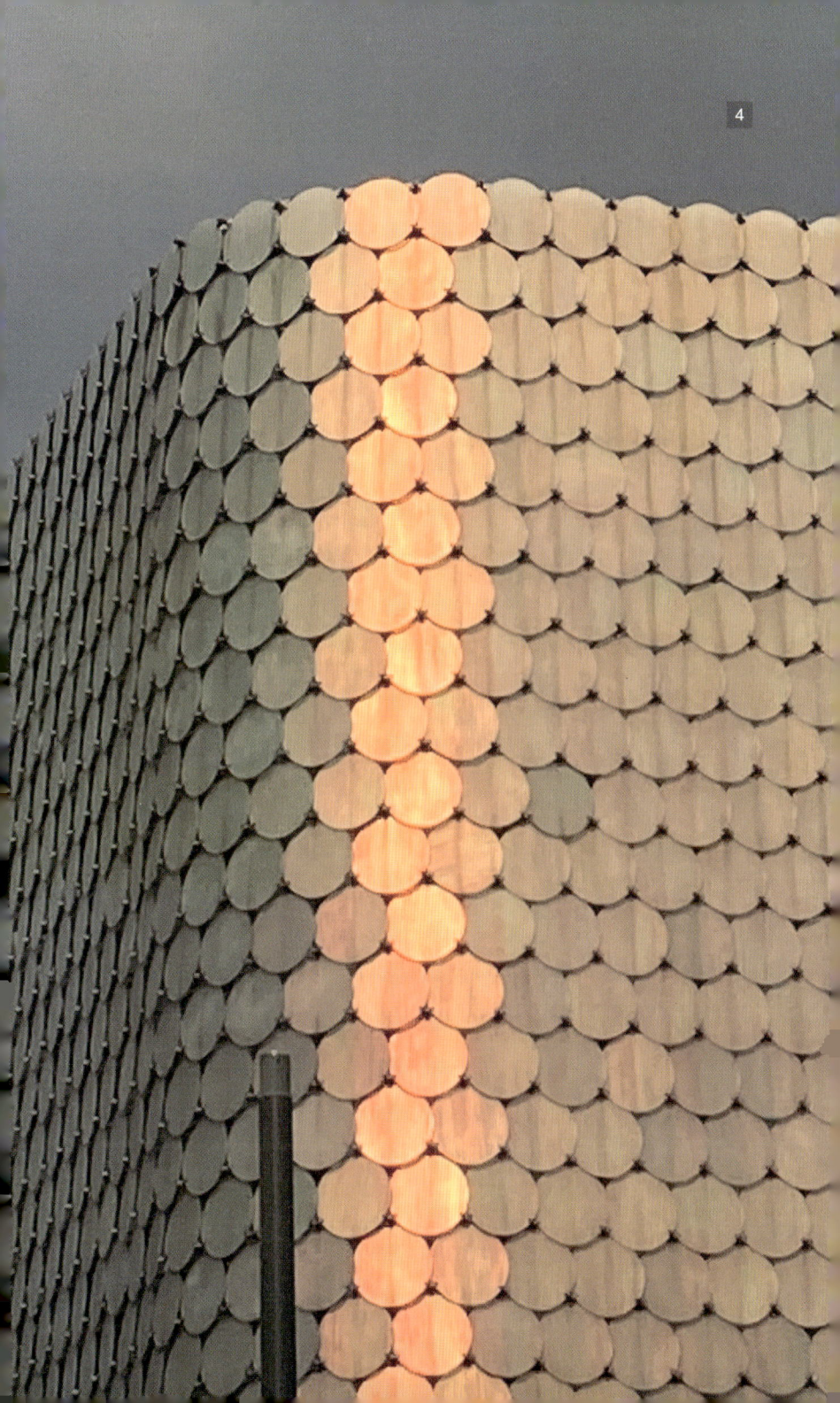

광고 효과를 제공했다.

    그런데 공사 시작부터 생각지도 않은 다양한 문제점이 발생했다. 외부 리모델링을 진행한 시공사[한화건설]는 설계 안대로 외부 전체를 비늘 형태의 디스크 판으로 덮으려고 했으나 브랜드를 알리는 홍보 간판이 문제였다. 한화는 당시 동관[East]에 있었던 루이비통 매장의 가치를 인정하는 과정에서 공간을 현재의 서관[West]으로 옮기고 독자적인 간판과 출입문을 설치해 준다는 조건을 급하게 제안했다고 한다. 이러한 과정 때문에 갤러리아 WEST는 아이러니하게도 마치 루이비통 독립 매장으로 보이기도 한다.

건축물 소개

갤러리아백화점 명품관 WEST
벤 판 베르켈

건축가 소개

이름	벤 판 베르켈(Ben van Berkel)
출생	1957년, 네덜란드
소속	UN 스튜디오(대표)
대표 작품	로테르담 에라스무스 다리(1996), 슈투트가르트 벤츠 박물관(2006)
국내 작품	수원 아이파크 시티(2009), 천안 갤러리아(2011), 한화 장교사옥(2019)
수상 경력	에일린 그레이상(1983), 샬럿 퀼러상(1999)

건축 개요

이름	갤러리아백화점 명품관 WEST
주소	서울 강남구 압구정로 343
소유주	한화그룹
용도	판매 시설
설계 사무소	UN 스튜디오
시공사	한화건설
외부 마감	LED, 패널

운영 안내

관람 시간	10:30~21:00
입장료	무료
연락처	02-3449-4114

대중교통

지하철	압구정로데오(수인분당선) 7번 출구
광역버스	6006, 9407, 9507, 9607
간선버스	143, 145, 240, 301, 345, 440, 472
지선버스	4312, 4318

루이비통 메종 서울

프랭크 게리

──────────　프랭크 게리는 설계를 진행하며 해당 국가의 독창적인 문화와 건축 감성을 반영하려 노력한 진정한 건축가이다. 그는 서울을 방문했을 때 가장 감동을 받은 건축 공간이 종묘였으며, 이를 계기로 한국 전통문화를 경험하고 대한민국을 진정으로 사랑하고 존중하게 되었다고 했다.

　이런 의미에서 루이비통 메종 서울은 프랭크 게리가 우리 전통문화를 이해하고, 스스로 재해석하여 얻은 가치와 사고를 표출한 결과물이자, 대한민국을 전 세계에 알린 또 하나의 작은 보석과 같다. 그는 규모나 크기에 상관없이 존경과 관심으로 작은 건축물에 혼을 불어넣었다. 건축을 사랑하는 사람으로서 그가 설계에 임하는 자세를 생각하면 벅찬 감동과 존경심이 올라온다.

　루이비통 메종 서울은 건축가 프랭크 게리와 피터 마리노 Peter Marino 의 협업으로 진행된 설계이다. 특히 아름다운 곡선형 외형 패널은 동래 학춤에서 영감을 받은 것으로 유명하다.

프랭크 게리

프랭크 오언 게리 Frank Owen Gehry 는 1929년 캐나다 토론토에서 폴란드계 유대인 이민자의 후손으로 태어났다. 16세에 가족과 함께 미국 로스앤젤레스로 이주해 건축가이자 디자이너로 성장했다. 캐나다 퀘벡주 몬트리올에 있는 맥길 대학교에서 처음 건축을 시작했고, 1954년 서던 캘리포니아 대학교 건축학과를 졸업했다. 이후 하버드 디자인 대학원에서 도시 계획을 공부했다.

프랭크 게리는 어린 시절부터 다양한 문제를 하나하나 해결하는 과정을 즐기는 낙천적인 성격의 소유자였다. 그의 이런 성격은 모든 면을 합리적으로 판단하게 했으며, 사물을 대하는 긍정적인 성격은 건축가에게 매우 유리하게 작용해 발전의 원동력이 되었다. 그는 평생 무신론자로 살아갈 만큼 종교에 부정적이었으며, 종교가 전쟁 발발, 생명의 존엄 상실 및 인간성 말살의 요인이라고 생각했다. 종교적 반감이 컸으나 정작 프랭크 게리는 평생을 유대인이라는 현실에서 벗어나지 못했다. 학생 시절부터 건축에 대한 자신만의 독특한 시각과 철학을 가지고 있었는데, 이런 가치관은 프랭크 게리가 건축가로 성장하는 데 큰 역할을 했다.

그는 빅터 그루엔 설계사무소에서 처음 건축을 시작했는데, 실무를 익히는 과정에서 수많은 예술가와 교류하며 더욱 다양하고 구체적인 영감을 얻었다. 그의 재능과 능력을 알고 있는 많은 예술가가 프랭크 게리를 '예술가와 같은 건축가'로 평가했다.

프랭크 게리는 오랫동안 다양한 건축 프로젝트를 진행했으며, 1989년 프리츠커 건축상과 미국 건축가협회[AIA] 금메달, 2000년 영국 왕립건축가협회[RIBA]의 로열 금메달을 수상하며, 세계 3대 건축상을 모두 받은 건축가가 되었다. 2003년에는 캐나다 정부가 수여하는 최고의 민간 훈장 '캐나다 기사단'까지 수상했다. 프랭크 게리는 지금도 로스앤젤레스 지역과 전 세계에서 왕성하게 설계 활동을 진행하고 있으며, 건축가 톰 메인[Thom Mayne], 그렉 린[Gregg Lynn]과 함께 UCLA 건축대학원에서 대학원생을 지도하고 있다.

프랭크 게리는 2025년 현재 96세로, '해체주의 건축을 대표하는 존경받는 살아 있는 건축가'이다. 프랭크 게리 재단[Frank Gehry Foundation]을 통해 예술과 건축, 교육 분야에서

1. 체코 프라하 댄싱 하우스 2. 미국 뉴욕 8 스프루스 스트리트 3, 4. 스페인 빌바오 구겐하임 미술관

우수한 성과를 거두고 있는 인재에게 장학금을 주며 다양한 활동을 지원하고 있고, 여전히 '21세기 최고의 건축가 중 한 사람'으로 평가받는다.

해체주의 건축을 대표하는 건축가

프랭크 게리는 체코 프라하 도심에 있는 재밌는 외형의 댄싱 하우스[1996]를 통해 전 세계 건축계에 처음 자신을 알렸다. 스페인 빌바오 구겐하임 미술관[1997], 독일 뒤셀도르프 노이어 촐호프[1998], LA 월트 디즈니 콘서트홀[2003], 스

페인 엘시에고 호텔 마르케스 데 리스칼[2006] 등 독특한 설계안이 그를 대표하는 건축물이다.

해체주의적 감성을 지닌 또 하나의 설계로는 2010년 뉴욕 맨해튼에 건립된 8 스프루스 스트리트 Eight Spruce Street 가 있다. 7층 이상 주거용 건축 부분의 스테인리스 스틸 외부 마감으로 인해 마치 은박지를 눌러 만든 것 같은 율동미와 강인한 볼륨이 느껴지는 건축물이다.

댄싱 하우스 Dancing House 는 프랭크 게리를 세상에 알린 대표적인 설계안으로, 프라하 올드 타운에 있다. 이 프로젝트는 제2차 세계 대전 당시 폭격받은 땅에 프랭크 게리가 설계하여 준공[1996]되었으나, 역사학자와 시민들은 프라하의 역사와 전통에 맞지 않는 파격적인 형태라며 비난했다. 그러나 지금은 프라하를 알리는 대표적인 랜드마크이며, 호텔과 갤러리, 레스토랑 등이 운영되고 있어 여행자들이 꼭 방문하는 명소이다.

스페인 빌바오 구겐하임 미술관 Guggenheim Bilbao Museum 은 1997년 준공된 프랭크 게리의 또 하나의 걸작 설계안으로, '20세기 최고의 건축물'로 평가받는다. 이 건축물은 모더니즘을 벗어난 실험 정신으로 설계된 파격적인 작품이다. 스페인의 작은 도시 빌바오는 과거부터 천연 철광석이 풍부하여 공업이 발전했으나, 1970년대에 들어 경쟁력을 잃고 노후화가 빠르게 진행되었다. 이에 스페인 정부는 도시의 경쟁력을 조성하고자 과감한 선택과 투자를 추진했고, 빌바오를 '예술의 도시, 국제적 도시'로 탈바꿈하는 계획을 수립했다. 도시 개선의 해답은 전용 미술관 건립이었다. 프랭크 게리가 설계한 이 건축물의 곡선 외형은 티타늄^{Titanium} 강판으로 제작됐으며, 강변과 연계되어 '화려하고 빛나는 큰 배와 물고기가 헤엄치는 듯 파격적인 모습'을 보여 준다. 바람에 따라 자연스럽게 움직이고, 빛에 반사되는 매 순간 다른 모습을 표현해 환상적인 아름다움을 선사한다. 지금은 전시되는 미술품보다 미술관이 더 유명할 정도다. 이 미술관이 준공되고 나서 낙후된 탄광 지역이었던 빌바오를 문화 관광 도시로 탈바꿈시킨 성공적인 과정을 '빌바오 효과'라고 표현하며, 프랭크 게리의 역할을 항시 거론한다.

노이어 촐호프$^{Neue\ Zolhof}$는 뒤셀도르프 항구에 있는 건축물로, 현지에서는 '프랭크 게리 타워'라고 부른다. 프랭크 게리의 초기 건축 감성과 설계 방향을 이해할 수 있는

1. 독일 뒤셀도르프 노이어 촐호프 2. 미국 LA 월트 디즈니 콘서트홀

설계로, 그의 위트와 건축적 조형미를 느낄 수 있다. 노이어 촐호프는 2001년에 준공되었으며, 스테인리스, 벽돌, 흰색의 각기 다른 마감재로 건물을 하나로 연결했다. 설계를 추진했던 뒤셀도르프 시 정부는 부지에 새롭고 혁신적인 건물을 세우기 위해 공모전을 실시해 자하 하디드가 선정됐으나, 그녀의 건축을 시공하기에는 다양한 문제점

이 지적되어 설계를 현실화하지 못했다. 이후 프랭크 게리의 설계안으로 지금과 같은 다양한 표정을 가진 세 채의 건축물을 건립해 '뒤셀도르프의 명물 건축물'로 인정받고 있다.

2003년 완공한 LA 월트 디즈니 콘서트홀^{Walt Disney Concert Hall}은 로스앤젤레스 도심에 있는 건축물로, 설계 시작부터 준공까지 16년이 걸렸다. 이 프로젝트는 프랭크 게리가 LA 지역 출신 건축가였음에도, '항해'라는 설계 개념과 스테인리스 스틸 곡선, 바람에 맞서는 돛을 연상시키는 외형이 조용한 지역 정서와 맞지 않는다고 주민 상당수가 반대했다. 아울러 지나치게 난해한 외형과 막대한 공사비가 부정적인 평가의 결정적인 문제로 지목되었다. 그러나 프랭크 게리와 평소 친분이 있던 월트 디즈니의 아내 릴리언 디즈니 Lillian Disney의 도움과 도시 인사들의 기부금 등으로 어렵게 마무리되었다.

마르케스 데 리스칼 Marques de Riscal 와이너리는 2006년 준공된 건축물로, 개인적으로 필자가 프랭크 게리의 작품 중 가장 좋아하는 프로젝트이다. 아름다운 자연 한가운데 꿈을 꾸는 듯한 색채와 아름다운 곡선을 보면 황홀함이 느껴진다. 건축물이 완성되기까지 진행된 과정도 너무나 아름답다. 스페인 리오하에 있는 마르케스 데 리스칼은 1858년 설립된 와이너리로, 이 지역에서 가장 오랜 역사가 있는 곳이다. 와이너리 대표는 세계 최고의 건축가 프랭크 게리에게 와이너리를 새롭게 지어 달라고 요청하였으나, 프랭크 게리는 처음에 거절했다. 이미 프랑스 파

스페인 리오하
마르케스 데 리스칼

리와 미국 시애틀, LA 등에서 대규모 프로젝트를 진행하던 상태였으며, 무엇보다도 스페인 북부라는 위치가 마음에 와닿지 않았기 때문이다. 그런데 와이너리 대표는 프랭크 게리가 이 지역 근처에서 휴가차 머물고 있다는 소식을 듣고 그를 모셔 와 극진히 접대했다. 특히 140년간 생산하여 보관 중인 모든 빈티지 와인을 보여 주면서 프랭크 게리가 태어난 1929년 고급 빈티지 와인을 정성스럽게 대접하는 성의까지 보였다. 깊이 감동한 프랭크 게리는 그 자리에서 설계를 결정한다. 이 건축물은 '스페인 전통 무용 플라멩코를 추는 댄서의 치맛자락'에서 영감을 받아 디자인한 것으로, 건물 외부의 무지개 색채는 마치 지붕에서 와인이 흘러내리는 것처럼 보인다. 스페인 작은 마을에 있는 이 설계안은 파격적이면서도 지구상에서 가장 아름다운 디자인으로 평가받는, 프랭크 게리의 최고 역작이다.

루이비통 메종 서울

모엣 헤네시 루이비통 Moët Hennessy Louis Vuitton, LVMH 그룹에 속한 루이비통 Louis Vuitton 은 1854년 설립된 프랑스 패션 및

명품 제품을 전문적으로 다루는 회사이다. 1986년 서울 소공동 롯데면세점에 국내 첫 매장을 열었고, 1991년 신라호텔에 입점했으며, 1996년 1월 갤러리아백화점 명품관, 2000년 대한민국 청담동에 첫 단독 매장을 열며, 청담동 매장을 아시아 지역의 전략적 교두보로 선정하였다.

프랭크 게리는 건축 분야뿐만 아니라 예술 분야에서도 높은 인지도를 지닌 존경받는 건축가였고, 그의 설계 작품들은 예술적인 감각과 창의적 디자인, 혁신적 사고와 기술로 결합되어 있었다. 프랭크 게리의 명성을 알고 있던 루이비통 그룹은 '루이비통 메종 서울'이라는 명칭과 가장 걸맞은 건축가로 프랭크 게리를 점찍고, 루이비통 메종 서울 설계를 의뢰했다.

루이비통 메종 서울의 건축 연면적은 1,816㎡ [550평] 이며, 지하 1층 및 지상 4층 규모의 건축물이다. 건축 규모가 상당히 소박하며, 특히 신축이 아닌 리모델링 설계였다. 프랭크 게리에게 있어 이 프로젝트는 대한민국에서의 첫 번째 설계였으나 규모가 작아 그의 명성에 걸맞지는 않았다. 그러나 우리나라에서의 첫 설계라는 상징성 때문에 부담감이 무척이나 컸으며, 실제로 루이비통 메종 서울 설계를 진행하며 고민한 흔적이 곳곳에서 보인다. 대표적으로 프랭크 게리는 이 건축물을 구상하기 전, 프랑스 파리 루이비통 재단 미술관과 DNA 연계 설계를 통해 외형의 상징성을 찾으려 노력했다.

프랭크 게리는 루이비통 메종 서울의 설계를 진행하면서 가장 한국적인 감성으로 표현하고자 노력했다. 이 과정에서 한국인이었던 둘째 며느리에게 한국 문화를 이해하는 데 다양한 도움을 받았으며, 우리 전통문화와 한국적 감성의 중요성을 인식하고 설계로 표현하였다. 그는 루이비통 메종 서울의 설계 방향과 모티브를 우아한 '동래 학춤'과 흥에 겨워 춤추는 '선비의 도포 소맷자락의 아름다운 곡선'에서 설계 개념을 찾아 프로젝트를 진행했다.

프랭크 게리는 한국을 방문할 때마다 최대한 많은 곳에서 한국인의 숨결을 느끼고자 노력했는데, 그가 가장 감동한 장소가 종묘였다. 그는 종묘에서 체험한 '전 세계 어느 곳에서도 느끼지 못한 엄숙함과 엄청난 스케일의 건축 공간감'을 잊지 못한다고 밝혔다. 이렇게 서울의 문화를 이해하고 재해석하는 과정을 통해 아름답고 감동적인 흔적을 루이비통 메종 서울 플래그십에 남길 수 있었다.

루이비통 메종 서울의 시공사 ^쌍용건설^ 는 국내는 물론, 해외에서도 이미 실력을 검증받은 건설 기업으로, 서울 반얀트리 클럽 앤 스파 서울 ^남산 타워 호텔^ 과 싱가포르 래플스 호텔 등 다양한 고급 건축물을 성공적으로 시공했다. 루이비통 메종 서울은 외관의 고난도 디자인을 표현하는 것 때문에 평당 강남 재건축 아파트의 약 15배, 특급 호텔의 6배가 넘는 수준의 리모델링 공사비가 소요되었다.

　공사 기간도 설계가 처음 진행된 2017년부터 공사가 끝난 2019년까지 상당히 긴 시간이 걸렸다. 기존 3층 건물에 1개 층을 추가로 증축해 4층 공간을 신설했고, '동래학춤'과 '선비의 춤'을 상징하는 3차원 커튼 월 입면 프레임 구현이 필요했기 때문이다. 시공사는 이를 수행하고자 3차원 입체 설계 ^BIM^ 와 가상 현실 ^Virtual Reality^ 시뮬레이션, 자재 제작 및 시공 방법 등을 개선해야 했다.

　실제로 시공에 참여한 시공 관계자에 의하면, 프랭크 게리는 설계안의 마무리에 엄청난 관심과 애정을 보였다고 한다. 이를 알고 있던 시공사는 수주한 규모나 공사 금액과는 어울리지 않게 '특별 전담팀'을 구성해 리모델링 공사를 지원했으며, 비용을 떠나 '고급 리모델링'에서도

입면 파사드 구조물

최강자라는 자존심을 건 공사로 발전하게 됐다고 한다.

가장 어려운 시공 범위는 건축물 구조 전체를 덮고 있는 맞춤형 유리와 프레임 골조 공사로, 상부의 다양한 유리판은 실내의 개방감과 채광을 극대화하도록 설계되었다. 특히 곡선형 강화 유리는 격자 철 구조에 맞게 부착됐으며, 입구부터 테라스까지 감싼 유리 외관이 경쾌한 느낌을 준다. 이를 위한 특수 유리는 스페인에서 제작하고 공수하여 오랜 시공 기간이 소요된 직접적인 원인이 되었다.

루이비통 메종 서울의 건축 외형은 프라하 댄싱 하우스처럼 춤추는 듯 비정형적인 선과 하늘로 오르는 상승감을 느끼게 하며, 특히 입면 파사드가 부각되었다. 1층에 구현된 경사진 수직 유리와 철제 프레임의 출입구부터 수준 높은 개방감이 느껴진다. 건축물 측벽에 시공된 크림색의 강화 세라믹 타일은 벽면 석재 및 유리 재질과 대비돼 고급스러움과 편안함을 느끼도록 시공되었고, 1층부터 4층까지 내부 공간은 천연 라임스톤으로 마감해 자연스럽고 우아한 분위기와 어울리도록 했다.

이 건축물의 내부 인테리어 개념과 세부 설계는 건축가 피터 마리노가 진행했는데, 그는 디올, 샤넬 등의 플래그십 스토어를 설계하기도 했다. 루이비통 메종 서울 스토어는 지하 1층부터 지상 3층까지 판매를 위한 전용 공간으로 이루어졌는데, 피터 마리노는 다양한 공간 변경을 제안했다. 특히 높이 12m에 달하는 1층 천장은 고급스러움과 쾌적함을 느끼게 하며, 각 층을 오가는 계단의 핸드레일과 스텝에서도 디테일을 느낄 수 있다. 지하 1층은 남성 컬렉션 공간으로, 2과 3층 공간은 여성 컬렉션 매장 및 맞춤형 쇼핑 공간과 프라이빗 살롱으로 이용 중이다. 최상층인 4층은 전시, 문화 예술 행사가 이루어지며 카페 공간으로 운영되고 있다.

건축물 소개

루이비통 메종 서울
프랭크 게리

건축가 소개

이름	프랭크 게리(Frank Gehry)
출생	1929년, 캐나다
대표 작품	프라하 댄싱 하우스(1996), 빌바오 구겐하임 미술관(1997), LA 월트 디즈니 콘서트홀(2015)
국내 작품	루이비통 메종 서울(2019)
수상 경력	프리츠커상(1989), RIBA 로열 금메달(2000), 자유 메달상(2016)

건축 개요

이름	루이비통 메종 서울
주소	서울 강남구 압구정로 454
소유주	루이비통 재단
용도	판매 시설
시공사	쌍용건설
외부 마감	커튼월

운영 안내

관람 시간	12:00~20:00
입장료	무료
연락처	02-3432-1854

대중교통

지하철	압구정로데오(수인분당선) 3번 출구
광역버스	6006, 9407, 9507, 9607
간선버스	143, 145, 240, 301, 345, 440, 472
지선버스	4312, 4318

하우스 오브 디올

크리스티앙 드 포잠박

청담동에 있는 하우스 오브 디올은 프랑스의 유명 건축가 크리스티앙 드 포잠박과 건축가이자 인테리어 디자이너 피터 마리노의 숨은 노력이 하나로 표현된 작품이다.

이 건축물의 가장 상징적인 특징은 꽃봉오리가 피어나는 것처럼 살아 숨 쉬는 조형미와 화려하게 표현된 입면 파사드로, 청담동 거리에서 가장 존재감을 드러내는 설계안 중 하나이다. 꽃이 피어나는 입면은 보는 이에게 벅차오르는 감동을 주며, 조화로운 설계를 통해 브랜드의 격을 한층 높였다. 또 세련된 건축 미학에 맞춰 화려한 크리스털 장식과 미러 글라스, 밝은 조명과 높은 천장의 고급스러운 내부 인테리어가 조화를 이룬다.

크리스티앙 드 포잠박은 '변치 않는 우아함'이라는 브랜드 정신을 감동적으로 표현했고, 서울에서 동시대를 살아가는 우리에게 최고의 예술미를 보여 주었다.

크리스티앙 드 포잠박

크리스티앙 드 포잠박 Christian de Portzamparc 은 1944년 모로코 최대 도시 카사블랑카에서 태어났다. 1950년, 가족 모두가 독일로 이주하였고, 1955년에는 다시 프랑스 파리로 이주해 어렵게 생활했다.

크리스티앙 드 포잠박은 1962년 프랑스 최고 건축학교로 알려진 에콜 데 보자르 École des Beaux-Arts 에 입학했으나, 1966년부터 1968년까지 학업을 중단하고 미국 뉴욕으로 건너갔다. 그는 뉴욕에서 미국식 사고와 건축 문화를 경험하고 자극받아 프랑스로 돌아가 건축에 열중했다. 그러나 1969년에 건축학교를 졸업하고도 건축에 대한 애착을 갖지 못하고 또다시 3년간 방황했다. 그러다가 1971년 작은 규모의 급수탑을 설계하는 일에 참여한 뒤 건축에 흥미와 관심을 두기 시작했다.

프랑스를 대표하는 현대 건축가

크리스티앙 드 포잠박이 건축에 더욱 애정을 갖게 된 계기는 1981년 당시 프랑수아 미테랑 프랑스 대통령과의 인연이 시작되면서부터였다. 미테랑 대통령은 7년 임기 동안 프랑스 혁명 200주년[1989]을 기념하기 위한 크고 작은 국가적 건축 설계를 추진한다. 이때 자신의 재임 동안 공로와 실적을 구체화할 파트너로 크리스티앙 드 포잠박을 생각하고, 환상적인 건축 협업을 지속하였다.

　1982년 3월, 미테랑 대통령은 세계 모든 건축가에게 '그랑 프로제 Grande Projets'라는 국가 주도의 현상 설계 추진을 공표했고, 에펠 탑처럼 프랑스를 상징하는 거대 건축물을 조성하기 위한 국가 계획을 진행했다. 당시 추진된 대표적인 설계안은 베르나르 추미 Bernard Tschumi 의 라빌레트 공원, 이오밍 페이 I. M. Pei 의 루브르 박물관 피라미드, 카를로스 오트 Carlos Ott 의 바스티유 오페라, 가에 아울렌티 Gae Aulenti 의 오르세 미술관 리모델링 등이 있다. 그리고 라빌레트 파리 음악 박물관은 크리스티앙 드 포잠박의 대표적인 프로젝트였다.

　그는 이렇게 다양한 설계 활동과 건축 업적으로 건축 출판 그룹상[1988], 프랑스 예술문화훈장[1989], 파리시 건축대상[1990], 건축아카데미 메달[1992] 등을 수상했다. 1994년 프리츠커 건축상 수상을 계기로 그는 '프랑스를 대표하는 현대 건축의 큰 축'으로 알려지며, 동시에 프랑스 국민에게 가장 존경받는 건축가가 되었다.

　크리스티앙 드 포잠박은 우연한 기회에 네덜란드 건축가 렘 콜하스와 일본 후쿠오카 공동주택 Nexus world, 1991 현상 설계에 참여하며 그의 인생에서 큰 변화를 겪는다. 일본에서 다양한 건축가와 교류하며 소중한 설계 실적을 쌓은 그는 이후부터 베를린 파리 대사관, 뉴욕 최고급 아파트 등 전 세계에서 여러 굵직한 설계를 진행했다. 대표적으로 미국 뉴욕 57번가 LVMH 타워^{1999}, 룩셈부르크 룩셈부르크 필하모닉^{2005}, 프랑스 파리 르네상스 파리 호텔^{2008}, 미국 뉴욕 원 57^{2013} 등이 있다.

르네상스 호텔이 있는 프랑스 파리 8구와 17구는 과거 엠파이어 극장$^{Empire\ Theatre}$이 세워졌던 장소였다. 크리스티앙 드 포잠박은 호텔 설계를 진행하며 유리를 사용해 건물 외부를 '거친 바다에서 파도치는 물결 형태'로 표현했다. 이렇게 감각적이고 상징적인 외형은 샤를 드 골 광장에서 인상적으로 돋보이며, 모든 객실 내부에서 아름다운 파리를 편하게 바라볼 수 있다.

크리스티앙 드 포잠박의 또 다른 설계안인 원 57$^{One\ 57}$ 빌딩은 미국 뉴욕의 억만장자 거리라고 불리는 57번가에 있다. 이 건축물은 2013년에 건설됐으며, 75층 규모, 높이 306m에 달하는 초고층 빌딩으로 뉴욕에서 일곱 번째 높은 빌딩으로도 알려졌다. 저층부는 호텔, 고층부는 고

1. 미국 뉴욕 LVMH 타워
2. 룩셈부르크 필하모닉

미국 뉴욕 원 57 빌딩

급 주거 공간으로 구성된 복합건축물이다. 이 건축물 근처에는 우리에게 친숙한 종로타워를 설계한 라파엘 비뇰리의 432 파크 애비뉴가 있어 서로 비교하는 즐거움이 있다. 이 건축물 외형은 파란색 패널 유리로 만들어진 입면 커튼 월이 계단식으로 설계되어 있어, 실제로 바라보면 거대한 폭포가 떨어지는 것 같다. 특히 2012년 10월 29일 허리케인 샌디 때문에 크레인 붕괴 및 화재 사고가 일어나 더 유명해졌다.

크리스티앙 드 포잠박이 아시아에서 처음 설계한 작품은 1991년 일본 후쿠오카 넥서스 월드 Nexus world 로, 이 프로젝트는 렘 콜하스와 스티븐 홀 Steven Holl, 오스카 투스케 Oscar Tusquets, 마크 맥 Mark Mack 등 네 명의 외국인 건축가와 일본인 건축가 이시야마 오사무 石山修武 가 공동 참여한 새로운 주거 단지 설계이며, 일본인 건축가 이소자키 아라타 磯崎新 2019년 프리츠커 건축상 수상 가 단지 전체를 총괄하였다. 넥서스 월드는 '획일화된 공동주택에서 벗어나 혁신적인 주택 설계 개념을 제안'하는 목적으로 추진된 프로젝트이다. 이 설계 방식은 전 세계 도시 개발에도 커다란 반향을 일으켰으며 성공적으로 완료되었다. 이후 건축가 렘 콜하스는 대한민국에서 삼성과 함께 같은 방식으로 리움미술관 설계를 진행한다.

크리스티앙 드 포잠박과 우리의 첫 인연은 30년 전으로, 국립중앙박물관 현상 설계를 위해 대한민국에 방문한 적이 있다. 이때 그는 한국 전통문화와 국가의 발전 과정을 누구보다 빨리 이해하게 되었다. 이 덕분에 그는 2017년 4월, 50층으로 재건축되는 잠실 주공 5단지의 국제 설계 공모에 한국인 건축가 조성룡과 함께 참여하기도 했다.

하우스 오브 디올

하우스 오브 디올 The House of Dior 은 청담동 105번지 일대, 청담 패션 거리 중앙에 있다. 이곳은 오래전부터 물이 맑아 '청숫골'이라 불렸으며, 1914년 3월 1일 경기도 행정구역 개편으로 청담리가 되었고, 1963년 서울특별시로 편입되었다. 1970년 〈영동 지구 주택 건립계획〉을 통해 단독주택 지구로 개발되기 시작했으며, 곧 강북 명문 학군 일부가 이동했고, 고급스러운 건축물이 건립되었다.

청담동이 패션의 성지로 알려진 것은 1980년대 중반 이후 부유한 지역 소비자를 따라 패션 디자이너들이 명동에서 옮겨 오면서부터이다. 이후 소비 상권인 의상실, 미용실, 웨딩 업체 등이 자연스럽게 몰려들고, 1995년에는 갤러리아백화점 명품관이 들어서면서 이미지가 더욱 강화되었다. 1996년, 강남구는 〈특화 거리 조성을 위한 기본계획〉을 통해 본격적으로 청담동을 패션 거리로 특화하고 기존 주택의 용도 전환을 유도했다. 2008년 7월 25일에는 '강남 청담·압구정 패션 특구'로 정식 지정되었고, 서울특별시는 청담동과 신사동 일대의 패션 특구 개발을 위해 지구 단위계획으로 확정했다. 현재 청담 패션거리는 청담역에서 갤러리아백화점까지의 1.2㎞ 구간으로, 2008년 이후 유일하게 패션 특구로 지정되었다.

디올 Dior 은 세계 명품 시장의 최대 기업, LVMH의 핵심 브랜드 20개 중 가장 대표적이다. 그런 디올이 인구와 시장 규모, 입지 면에서 중국 베이징이나 일본 긴자가 아니라 대한민국 서울에 아시아 플래그십 스토어를 건립하겠다고 결정한 것은 패션가에서 충격 그 자체였다. LVMH 그룹은 청담동이 아시아에서 가장 전략적인 지역이자 상징적인 이미지를 전달할 최적지라고 평가했다.

이를 알고 있었던 크리스티앙 드 포잠박은 베르나르 아르노 회장에게 의뢰받은 설계를 수행하면서 이전에는 없었던 환상적이며 감성적인 디자인, 몽환적인 외형, 다양하고 실험적인 건축 소재, 상징적 매스 이미지가 어우러지게 독창적으로 연출했다. 그는 하우스 오브 디올의 설계 방향을 지속적인 아름다움과 예술성을 추구하고자 마치 꽃이 피어오르듯 꽃잎 하나하나를 볼륨감 있게, 여러 개의 꽃봉우리 모양으로 아름답게 표현했다. 꽃봉오리 외형 이미지는 2011년 세부적인 스케치 작업을 시작해 2015년 6월 준공하기까지 계속해서 고민한 결과이며, 최종적으로 설계된 건축물은 연면적 4,400㎡ [2,335평], 지상 5층, 지하 1층 규모였다.

하우스 오브 디올 설계의 가장 큰 특징인 입면 디자인은 감성적이고 환상적인 아름다움, 이국적인 분위기를 느끼기에 충분했고, 청담동 주변에 일률적으로 건립된 다른 건축물과 비교되었다. 시공사 [코오롱 글로벌]는 핵심 이미지인 꽃잎 모양을 구현하기 위해 다양한 실험 정신으로 제작에 참여했다.

당시 시공사 관계자는 처음에는 노출콘크리트로 제작하려고 했으나 꽃잎의 자유로운 형태를 구현하는 데 있어 디테일의 한계로 시공 자재를 유리 섬유 강화 플라스틱 Glass Fiber Reinforced Plastic, GFRP 으로 변경했다고 밝혔다. 특히 비상하는 꽃잎 모양과 꽃의 형태를 자연스럽게 구현하기 위하여 꽃잎을 하나하나 수제작했다. 시공된 꽃잎은 중량 14톤, 높이 20m에 달하며, 새하얀 꽃잎들이 하늘을 향해 피어오르는 듯 서 있도록 하중을 지탱하기 위해 지하 벽체와 기초 보강을 통해 완성했다. 건축물 측면 및 후면을 감싸

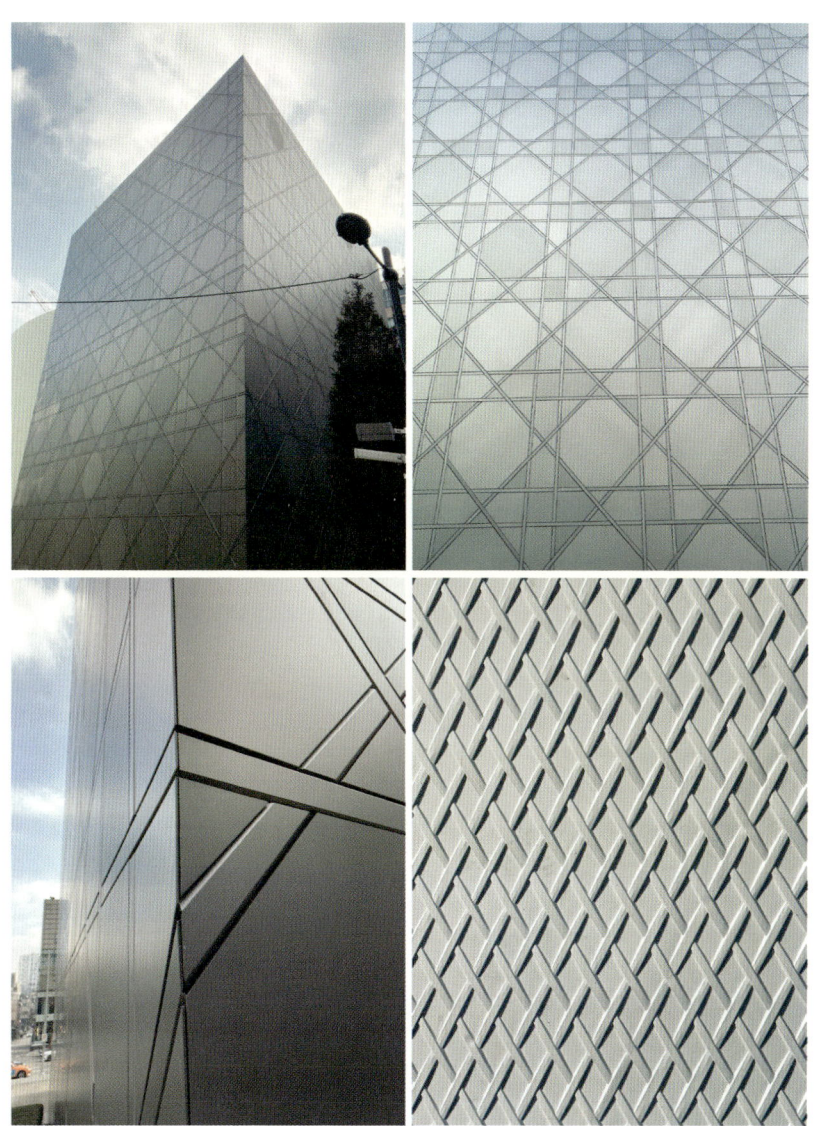

외부 파사드 디테일(직물 패턴)

입면 파사드

는 외부 패널 마감 부위에서도 '디올만의 고유 패브릭 패턴 형태'를 그대로 표현하기 위해 철제 라인 하나하나를 수제작해, 장인의 오랜 노력과 장신 정신을 느끼게 했다.

환상적인 내부 인테리어 디자인은 건축가 피터 마리노와의 협업으로 완성되었다. 내부 인테리어 공간은 모던하고 세련되게 우아함을 표현했으며, 구석구석을 장식한 디테일은 그들의 열의를 방문자가 느낄 수 있게 한다.

가장 인기 있는 공간은 1층 로비이다. 크림색 모자이크 바닥재와 검은색 사각형이 조화를 이룬 사각 패턴이 방문하는 사람들에게 고급스러움을 느끼게 한다. 특히 1층의 높은 천장으로 내부는 쾌적하고 개방감이 느껴진다. 각 층을 연결하는 원형 수직 계단은 난간의 철골 구성물 하나하나를 곡선에 맞춰 설계했으며, 곡선 안팎을 스테인리스 거울을 이용해 몽환적으로 마무리했다. 나선형 계단 난간 역시 투명한 굴곡 강화 유리를 이용해 고급스러움을 표현했다.

내부 인테리어(계단 및 마감 디테일)

2층은 주얼리와 시계 제품을 판매하는 공간이며, 3층은 디올 컬렉션을 중심으로 운영되도록 계획했다. 4층은 VIP 전용 라운지와 갤러리, 5층은 카페 디올 Café Dior by Pierre Hermé을 배치해 방문자가 여유로움과 행복을 즐길 수 있도록 배려했다.

건축물 소개

하우스 오브 디올
크리스티앙 드 포잠박

건축가 소개

이름	크리스티앙 드 포잠박(Christian de Portzamparc)
출생	1944년, 프랑스
대표 작품	LVMH 타워(1999), 룩셈부르크 필하모닉(2005), 르네상스 파리 호텔(2008)
국내 작품	하우스 오브 디올(2015)
수상 경력	프랑스 예술훈장(1989), 프랑스 아카데미상(1992), 프리츠커상(1994)

건축 개요

이름	하우스 오브 디올
주소	서울 강남구 압구정로 464
소유주	LVMH
용도	판매 시설
설계 사무소	한림건축사사무소
시공사	코오롱글로벌
외부 마감	스페셜 페인트, 철재 창호, GFRP

운영 안내

관람 시간	11:00~20:00
입장료	무료
연락처	02-3480-0104

대중교통

지하철	압구정로데오(수인분당선) 3번 출구
광역버스	6006, 9407, 9507, 9607
간선버스	143, 145, 240, 301, 345, 440, 472
지선버스	4312, 4318

송은 아트스페이스
헤르조그 앤 드 뫼롱

스위스 건축가 헤르조그 앤 드 뫼롱은 건축물 최적 설계와 가치 구현을 추구하는 건축가이다. 그들은 설계를 의뢰받고 진행하기 전에 현장을 여러 번 방문해 철저하게 조사하고 분석하는 과정을 무엇보다 중요시한다.

송은 아트스페이스는 청담동 도산대로에서 가장 높은 지점에 있는 건축물로, 삼각형 모양이 강력한 이미지를 상징적으로 전달한다. 도산대로 쪽에서 바라보는 모습[정면]은 보는 이에게 엄청난 공간감을 느끼게 하며, 방문객이 자유롭게 오갈 수 있어 이 지역에서 사랑받는 건축물이기도 하다. 외부는 노출콘크리트를 사용해 소나무 껍질 질감을 느낄 수 있도록 마감했고, 실내 공간은 하나하나 잘 꾸며진 정원처럼 재미나고 신비로워서 헤르조그 앤 드 뫼롱의 건축적 특징인 섬세함을 제대로 느낄 수 있다. 참신하고 혁신적인 건축 재료를 설계에 반영해 새로운 기술을 융합하고, 정교하고 세련된 건축물로 마무리해 감동을 선사하는 건축물이다.

헤르조그 앤 드 뫼롱

헤르조그 앤 드 뫼롱은 스위스 태생 건축가들로, 자크 헤르조그 Jacques Herzog 와 피에르 드 뫼롱 Pierre de Meuron, 두 사람으로 이루어졌다. 두 사람은 같은 해인 1950년에 스위스 바젤에서 태어났다. 자크 헤르조그는 4월 19일, 피에르 드 뫼롱은 5월 8일 이들은 일곱 살에 유치원에서 처음 만난 뒤 현재까지 가족 이상의 친구로 인생을 같이하고 있다.

두 건축가는 유년 시절과 청소년 시절을 함께 보내고, 스위스 취리히 연방공과대학 ETH Zurich 에도 같이 입학했으며, 대학 졸업 후 첫 번째 직장에서도 특별한 인연은 계속됐다. 두 사람은 누구보다 서로의 장단점과 부족한 부분을 서로 감싸 주는 관계였다.

1978년에는 자신들의 이름을 딴 헤르조그 앤 드 뫼롱 Herzog & de Meuron, H&dM 을 설립했는데, 이 건축사무소는 2006년 〈뉴욕 타임스 매거진〉에서 '세계에서 가장 존경받는 설계 사무소 중 하나'로 선정되기도 했다.

헤르조그 앤 드 뫼롱은 1994년부터 1999년까지 하버

○   아인슈타인도 이 학교 수학과를 졸업했으며, 노벨상 수상자만 22명이나 배출한 명문이다.

드 대학교 디자인스쿨, 1999년부터 2018년까지 그들의 출신 학교에서 학생을 가르쳤으며, 자크 헤르조그는 미국 코넬 대학교 객원 교수로도 활동했다.

평생 서로를 의지하며 건축에 전념한 이들의 작품은 시간이 지날수록 대중과 전문가에게 인정받았으며, 다양한 건축 활동으로 세계적인 상을 받았다. 2001년 프리츠커 건축상을 받았으며, 같은 해에 프랑스 건축 잡지에서 수여하는 프리 드 레케르 다르장상 Prix de l'Équerre d'Argent Prize 을 수상했다. RIBA 스털링상 2003과 금메달 2007도 받았으며, 일본 도쿄 프라다 매장 설계 2003 등을 계기로 2007년 프리미엄 임페리얼상°°을 수상했다. 2014년에는 시카고 일리노이 공대에서 수여하는 미주 지역 최고의 건축상인 MCHAP상 Mies Crown Hall Americas Prize을 수상했다.

외피 건축가

헤르조그 앤 드 뫼롱은 다양한 건축 실험을 두려워하지 않는 '외피 건축가'로 불린다. 그들의 대표적인 작품은

°° 1989년부터 시작된 일본 황실미술협회에서 수여하는 세계 문화상. 예술의 발전, 진흥 및 진보에 탁월한 공헌이 있는 사람에게 매년 수여한다.

미국 샌프란시스코 나파 밸리 포도밭에 자리한 도미너스 양조장[1997]과 오래 방치된 발전소 건물에 새롭게 생명을 불어넣은 영국 런던 테이트 모던[2000]이다. 테이트 모던 설계안은 세계에서 가장 성공적인 리모델링 사례 중 하나이며, 독일 뮌헨 알리안츠 아레나[2006], 스위스 바젤 로슈 타워[2015], 독일 엘프필하모니 함부르크[2016], 홍콩 서구룡 문화지구의 M+ 미술관[2021] 등도 대표적인 작품이다.

1997년 준공된 도미너스 양조장 Dominus Winery 은 헤르조그 앤 드 뫼롱의 첫 번째 미국 프로젝트로, 포도주 양조장의 새로운 시대를 연 작품이다. 이 건축물은 현재도 샌프란시스코의 극한 지형과 주변에서 가장 흔한 자연물을 실용적이고 아름답게 변모시킨 가장 상징적인 와이너리 건축물로 평가받는다. 헤르조그 앤 드 뫼롱은 주변 지역에서 가장 흔한 현무암을 철망에 넣어 벽으로 만든 개비온 Gabion 으로 건물 외형을 완성하였다. 길이 100m의 입면 파사드와 폭 82m, 높이 9m의 자연스럽고 다양한 현무암 벽은 자연 친화적이며 독창적이다. 멀리서 이 건축물을 바라보면 자연석처럼 주변 풍경과 조화를 이루고, 밤이면 조명과 함께 더욱 몽환적으로 느껴진다. 개비온의 기능적인

미국 샌프란시스코
도미너스 양조장

영국 런던 테이트 모던

장점과 미적 건축 요소를 적절하게 사용해 낮에는 현무암 사이로 빛이 투과되어 저장고가 적당한 온도와 조도를 유지하도록 설계했다.

테이트 모던 Tate modern 은 2000년 영국 런던 템스강 변에 준공한 건축물로, 헤르조그 앤 드 뫼롱의 이름을 전 세계에 알린 대표적 프로젝트이다. 원래 이 지역은 영국 런던

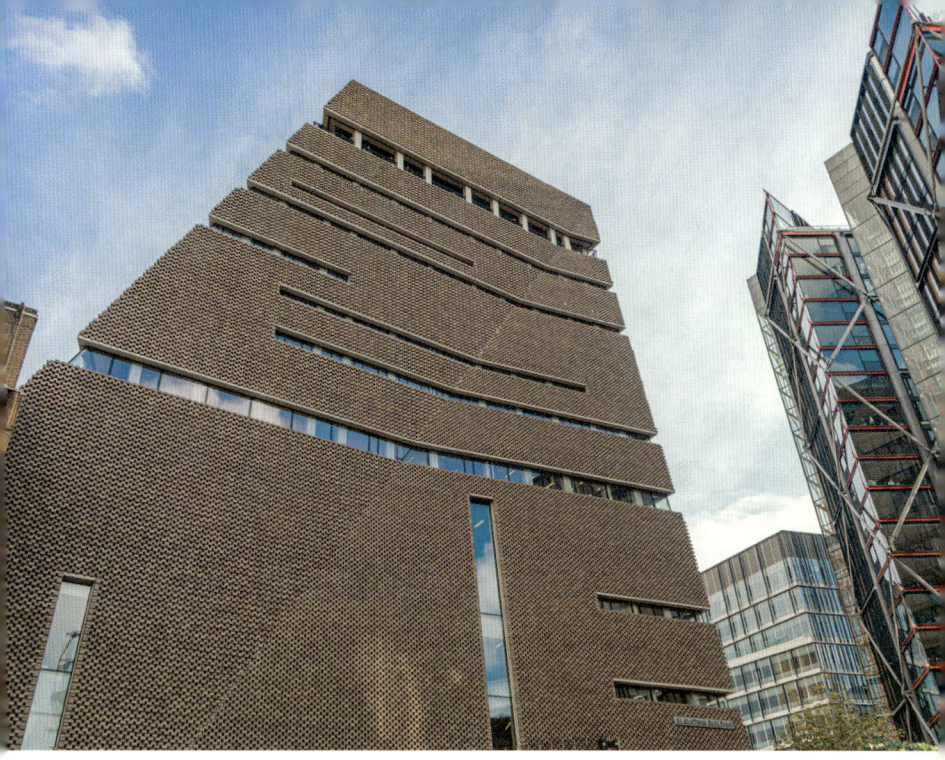

에서 낙후한 지역이었으나, 헤르조그 앤 드 뫼롱은 낡고 허름한 발전소를 거의 원형 그대로 보존하면서 내부 공간만을 혁신적으로 개선했다. 신축으로 건립한 프랭크 게리의 스페인 빌바오 미술관, 우리나라 DDP와는 다르게 기존 건축물을 존치한 상태에서 리모델링한 대표적인 사례로 자주 비교된다. 테이트 모던은 연간 470만 명이 방문

하는 영국의 대표적인 미술관으로 성공적으로 변신했다. 헤르조그 앤 드 뫼롱은 테이트 모던 설계를 성공적으로 마무리한 뒤 테이트 모던 증축 프로젝트[2016]도 맡아서 기존 미술관 건물의 외장 마감[벽돌]을 그대로 사용해 통일성과 연결감을 주었다.

엘프필하모니 함부르크[Elbphilharmonie Hamburg]는 독일 함부르크에 있는 세계에서 가장 큰 규모를 자랑하는 콘서트홀이다. 부두 보관 창고였던 건물에 2003년 설계 추진을 수립하고, 14년 만인 2017년에 완성되었다. 인상적인 왕관 모양 외형과 파도 모양의 지붕 패턴이 주변 바다와 잘 어울린다. 그러나 최종 공사비가 초기 예상보다 4배 늘어난 1조 1,500억 원이나 소요되어, DDP처럼 국가적으로 공사비가 이슈화되기도 했다. 건축물 규모는 지상 26층으로, 세 개의 콘서트홀 외에 호텔과 스파, 레스토랑, 대규모 실내 주차장을 갖추고 있다. 9층부터 20층까지는 메리어트 호텔[더 웨스틴 함브르크]이 244개가 넘는 객실을 운영 중이고, 21층 이상에는 45세대의 주거용 아파트가 있다.

헤르조그 앤 드 뫼롱이 아시아 지역에 설계한 대표 작품은 일본 도쿄 프라다 매장[2003]과 중국 설치미술가 아이

독일 엘프필하모니 함부르크 전경과 왕관 모양 외형

1. 일본 도쿄 프라다 매장 2. 중국 베이징 올림픽 주경기장

웨이웨이[Ai Weiwei]와 협업한 베이징 올림픽 주경기장[2008]이다. 프라다 매장은 프라다의 정체성을 시각적으로 구현한 실험적인 공간으로, 유리와 철골 구조의 벌집 모양 외형으로 설계해 진보적이고 실험적인 헤르조그 앤 드 뫼롱의 감성을 엿볼 수 있다. 베이징 올림픽 주경기장은 새 둥지 혹은 바구니라 불리는 건축물로 10만 명을 수용하는 규모지만, 6천억이 넘는 공사비로 지탄받았다. 그러나 상징적인 외형과 새 둥지를 연상시키는 24개의 기둥 구조, 나뭇가지처럼 얽힌 불규칙한 외부 철제 프레임은 사각지대 없이 경기장을 볼 수 있는 설계로 좋은 평가를 받았다.

헤르조그 앤 드 뫼롱이 한국에 처음 설계한 건축물은 송은문화재단 신사옥[2021]으로, 치즈 모양의 미니멀한 외형과 감각적인 마감으로 더욱 유명해진 프로젝트이다. 2027년에 준공 예정인 더 피크 도산은 대한민국에서의 두 번째 작품이며, 아시아 지역에서 최초로 선보이는 고급 주거 공간으로 25세대, 세대별 100평으로 계획되었다. 헤르조그 앤 드 뫼롱의 또 다른 설계안은 서울 서초구 서리풀 수장고이다. 2023년 9월 세계적인 지명 건축가 일곱 명과 경쟁 공모를 통해 당선됐으며, 기존 미술관의 틀을 벗어난 시설이다. 이 건축물은 소장품과 미술품을 보존에서 전시까지 단계적으로 경험하도록 하는 '열린 미술관'으로, 2028년 완공 예정이다.

송은 아트스페이스

헤르조그 앤 드 뫼롱이 설계한 송은 아트스페이스는 복합 문화공간으로, 상업 및 명품 패션 거리로 유명한 청담동 중심부 도산대로에 있다. 송은문화재단이 운영하며, 예술가를 지원하고 문화 예술 진흥을 위한 공간으로 사용해 찬사를 받고 있다.

송은문화재단은 전통문화의 발전과 문화 인재 양성, 학술 활동의 진흥을 지원하고자 1989년 삼탄그룹의 창업주 유성연 회장의 뜻에 따라 설립된 비영리 기관이다. 송은이라는 명칭은 유 회장의 호 송은松隱에서 비롯된 것이다. 송은 아트스페이스 건축물은 대한민국의 예술 작가와 동시대 국제 미술을 조명하는 문화의 중심 공간으로 활용하고 있으며, 2021년 아트스페이스 개관과 함께 '송은미술대상'을 제정해 신인 작가와 다양한 예술인을 육성하고 있다.

송은문화재단과 건축가 헤르조그 앤 드 뫼롱은 송은 아트스페이스 건립을 위해 초기부터 다양한 건립 이야기를 체계적으로 준비했다. 대표적인 사례는 재단 이름 '송은松隱, 숨어 있는 소나무'에서 영감을 받아 외부 마감재의 디자인과 설계 방향을 결정한 것이다. 그 결과 콘크리트의 독특한 질감으로 소나무의 결을 살린 문양을 표현했다. 사람 피부와 같은 마감재의 감성을 건축에 표현하고자 오랫동안 고민하며 감성화, 재료화하는 과정을 정리해 새로운 이야기를 만들었다.

송은 아트스페이스는 지하 5층, 지상 11층, 연면적 8,167㎡를 자랑한다. 헤르조그 앤 드 뫼롱은 국내 설계사 정림건축사무소와 협업해 한국적 특성을 설계에 반영했다. 미니멀한 건축 외형과 극단적으로 작은 창문 크기를 과감하게 제안하여 그들이 추구하는 새로운 형태의 이미지와 강한 대비 효과를 구현했다. 헤르조그 앤 드 뫼롱은 2017년 건축주와 처음 만나 이러한 설계 과정을 제안했고, 다양하게 변화를 주며 설계를 구체화했다.

송은 아트스페이스는 가로 폭 30m, 높이 60m의 안정적인 형태, 장방형 비율의 면적과 칼로 자른 듯 단순한 이

1. 치즈 모양 입면 2. 절제된 창호

미지가 인상적이다. 특히 절제된 외형과 적극적인 진입 방식, 출입구 주변의 개방적인 공간으로 주변 건물과 조화를 이루도록 구성했다.

이 건축물은 도로 반대편에서 바라보면 간결한 삼각 외형과 조망 가능한 테라스가 눈에 띈다. 후면부는 주거 건물의 프라이버시를 보호하기 위해 정북 방향 일조권˚ 및 사선 제한을 독창적인 설계 요소로 이용했다. 일조권을 피하기 위한 대안으로 결정한 것이 날카로운 삼각형 외형으로, 협소한 대지를 최적으로 활용하고, 도산대로 최고 높이 제한^{지정} 기준을 맞추면서도 가로, 세로, 높이의 황금 비율을 이룬다.

현재 송은 아트스페이스는 네 개의 전문 미술관 공간과 주차장으로 구성되어 있으며, 내부에서 가장 상징적인 곳은 오픈 공간을 감싼 원형 계단이다. 이 오픈 공간은 지상 1층부터 지하 2층까지를 기능적으로 연결해 주는 빛의 통로이자, 가장 인상적인 메인 공간이다. 관람자는 이 공간

˚ 日照權, 채광권이라고도 하며, 법률적으로 보장된 태양을 경험할 수 있는 권리를 말한다. 1970년대 초반부터 시행된 건축법으로, 일조권을 확보하기 위해 건축물의 높이와 적정 거리를 제한하고 있다.

을 통해 지하와 지상을 공유하며 올라가는 과정에서 여유를 느낄 수 있다. 원형 계단을 중심으로 계단 옆 대형 창문은 적당한 조경과 채광을 제공한다. 또 테라스와 포켓 정원 공간은 여유와 휴식을 느낄 수 있도록 설계되었다.

시공사^{장학건설}는 2018년 10월 착공해 2021년 8월에 준공하기까지 디테일 표현과 섬세한 공간 구성을 마무리하고자 건축가와 지속적으로 협의했다. 송은 재단 관계자의 말을 인용하면, 시공사 직원들은 모든 시공 조건을 적용하려고 적극적으로 노력했다고 한다. 그러나 매순간 발생하는 문제를 분석하고 고민을 해결하다 보니 공사 비용과 기간이 원래 계획을 초과할 수밖에 없었다.

시공사는 또한 일반적으로 사용하는 알루미늄 거푸집 Form 대신 재래식 목판 거푸집을 사용해 노출콘크리트 외벽 질감을 소나무 껍질처럼 표현했다. 지상 1층에서 지하 전시장을 연결하는 원형 오픈 공간 벽체와 난간 역시 노출콘크리트로 시공하여 아름다움과 정적인 감성이 느껴진다. 각 층의 전시 공간은 숨은 공간과 통로를 활용해 간결하지만 짜임새 있게 구성하였으며, 채광을 위한 오픈 벽과 창이 개방감을 느끼게 했다. 특히 지상 출입구부터

1. 내부 오픈 공간과 난간 2, 3. 소나무 껍질처럼 표현한 노출콘크리트 외벽 질감

지하층을 연결하는 모든 통로와 천장에 시공한 은박 페인트 도장은 은은한 고급스러움과 적당한 밝기로 진정한 장인의 숨결을 느끼게 하며, 내부의 크고 작은 공간도 섬세하게 마무리했다.

건축물 소개

송은 아트스페이스
헤르조그 앤 드 뫼롱

건축가 소개

이름	헤르조그 앤 드 뫼롱(Herzog & De Meuron)
출생	1950년, 스위스
소속	헤르조그 앤 드 뫼롱 건축사무소
대표 작품	엘프필하모니 함부르크 (2017), 테이트 모던 (2000), 프라다 도쿄(2003), 베이징 올림픽 주경기장(2008)
국내 작품	송은 아트스페이스(2011), 더 피크 도산(2027)
수상 경력	프리츠커상(2001), RIBA 스털링상(2003), RIBA 금메달(2007)

건축 개요

이름	송은 아트스페이스
주소	서울 강남구 도산대로 441
소유주	송은문화재단
용도	사무실, 전시 공간
설계 사무소	정림건축사사무소
시공사	장학건설
외부 마감	노출콘크리트

운영 안내

관람 시간	11:00~18:30
입장료	무료
연락처	02-3448-0100

대중교통

지하철	압구정로데오(수인분당선) 3번 출구
광역버스	9407, 9507, 9607
간선버스	343, 9407, 9507, 9607
지선버스	4212

방문 추천 코스

강남역

상징성 ⭐ 작품성 ⭐ 건축가 ⭐ 접근성 ⭐

① 강남 교보타워 마리오 보타
② GT타워 피터 카운베르흐
③ 서울프랑스학교 다비드 피에르 잘리콩

강남대로는 신분당선 양재시민의숲역에서 강남역, 신논현역, 신사역을 지나 한남대교 북단까지 이어지는, 서울에서 손꼽히는 고부가가치 거리이다. 서울에서 가장 젊음을 느낄 수 있는 곳이자, 보행 편의성을 높이는 다양한 공공 디자인을 적용한 곳이기도 하다. 식도락가들이 사랑하는 다양한 맛집과 고급스러운 레스토랑이 즐비하며, 밤이 되면 퇴근한 직장인으로 불야성을 이룬다. 지하철은 물론, 버스와 모든 교통이 밀집한 편리한 지역이다.

문화와 맛이 공존하는 강남대로에는 해외 유명 건축가 프로젝트가 다양하게 포진해 각각의 독창적인 건축 성향을 한눈에 경험할 수 있다. **마리오 보타**가 설계한 강남 교보타워와 **피터 카운베르흐**의 GT타워는 365일, 누구나 쉽게 자유롭게 방문할 수 있는 공간으로, 서울의 번영을 상징하는 창의적이고 혁신적인 건축 외관을 자랑한다. 건축적 예술성과 기능성을 결합해 디자인과 문화 인프라, 강남의 도시 브랜드를 충족시키고 있다.

강남 교보타워

마리오 보타

강남 교보타워는 마리오 보타가 우리나라에서 설계한 프로젝트 중 가장 큰 규모이다. 직사각형 형태의 엄청난 규모, 붉은 벽돌과 작은 창문, 그의 설계 DNA를 표시하는 듯한 흰색과 검은색 줄무늬 패턴 기둥에서 마리오 보타의 독창적인 건축물이자 차별화된 랜드마크임을 느낄 수 있다. 특히 출입구 전면과 배면에 있는 원형 기둥과 지붕 역할의 캐노피는 마리오 보타의 핵심 디자인 요소로, 마치 미국 샌프란시스코 현대미술관[1995]을 떠오르게 한다.

　　강남 교보타워의 특징은 외형상으로는 좌우가 같은 거대한 쌍둥이 타워가 서로 마주 보는 것 같지만, 실제로는 매우 단단하고 무거운 느낌을 주는 하나의 매스 형태라는 점이다. 이 엄청난 건축 매스는 보는 방향에 따라 각기 다른 표정과 섬세한 디테일을 보여 주며, 표정 없는 두 개의 큰 타워는 보는 이에게 안정감과 무게감을 느끼게 한다. 특히 마리오 보타만의 붉은 벽돌 외벽은 섬세하고 단단한 느낌을 준다.

　　강남 교보타워 주변에는 건축가 김인철[아르키움]의 설계안 어반 하이브[2009]도 있다. 규모와 크기 면에서 차이가 있지만, 벌집 형태의 독특한 콘크리트 외피가 마감 재료, 색상 대비 및 차별성을 느끼게 하며, 이 지역의 독특한 볼거리이자 건축 자산으로 자리매김했다.

마리오 보타

마리오 보타 Mario Botta 는 1943년 스위스 남부 티치노주 멘드리시오에서 태어났으며, 스위스를 대표하는 건축가 중 한 명이다. 그는 스위스 알프스의 아름다운 자연환경을 무척 사랑했으며, 전원생활에서 느낀 감성과 실용성, 자연과 전통 등을 그만의 독특한 조형성과 기하학적인 형상으로 표현했다. 대중적이고 친숙한 재료인 벽돌과 대리석을 사랑했고, 절제된 창문을 통해 유입되는 빛과 그림자를 건축 디자인의 표현 요소로 활용하기를 좋아했다.

마리오 보타는 1961년에 이탈리아 밀라노 미술학교를 졸업하고, 베네치아에서 카를로 스카르파 Carlo Scarpa 와 주세페 마자리올 Giuseppe Mazzariol, 두 교수에게 체계적인 건축 교육을 받았다. 1965년에는 건축계의 우상 르코르뷔지에°와 '베니스 병원 설계'를 진행하며, 그를 평생 존경하는 정신적 스승으로 생각하게 되었다. 마리오 보타는 같은 스

이탈리아 밀라노 스타비오 주택

○   Le Corbusier, 스위스 태생의 프랑스 건축가이자 도시 계획가로 현대 건축에 크게 공헌해 20세기 3대 건축 거장 중 한 사람으로 꼽힌다. 현대 건축의 시작과 끝이 그에 의해 결정된다고 할 정도로 현대 건축 설계 이론 연구의 선구자이며, 아파트와 같은 밀집 주거의 생활 환경을 개선하고자 노력했다.

위스 태생이었던 르코르뷔지에에게 동질감을 느끼는 동시에 모더니즘 건축을 통해 건축적 사고와 방향을 형성하는 데 결정적인 영향을 받았다.

마리오 보타는 1969년에 건축사를 취득한 뒤 스위스 루가노로 돌아가 건축사무소를 개업하고, 독창적인 설계로 점차 명성을 쌓았다. 그는 스위스를 넘어 유럽, 아시아, 미국 및 라틴 아메리카에서 건축 설계와 세미나 및 강좌를 통해 건축의 영역을 넓혀 간다. 이 시기에 마리오 보타는 간결한 소규모 건물들을 주로 설계했으며, 1982년에 설계한 스타비오 Stabio 주택에서 그의 기하학적인 건축 언어를 느낄 수 있다.

1980년대부터 마리오 보타는 주택 외에 다양한 설계를 진행한다. 스위스와 유럽뿐만 아니라 전 세계의 건축주들이 그를 찾으면서, 서서히 스타 건축가의 반열에 올랐다. 이 시기부터 학교, 교회, 미술관, 박물관 등 대중적인 건축을 선보였으며, 왕성한 건축 설계 활동으로 여러 국가와 지역에서 건축상을 다수 수상한다.

그는 1985년 베통 Beton 건축 부문상, 취리히 건축대상을 수상했고, 1999년 프랑스 레지옹 도뇌르 훈장 Ordre National de la Légion d'honneur을 받았다. 1986년 시카고 건축상, 1989년, 1993년에 국제건축 비평가상[CICA]을 수상했으며, 독일 카를스루에 유럽 문화상[1995], 스위스 다보스 크리스털상[1996], 스위스 문화상[2003] 등을 수상했다.

마리오 보타는 사랑하는 스위스의 건축 발전을 위해 고향 멘드리시오에 건축 아카데미를 설립하고, 1996년부터 2013년까지 학장을 역임하며 헌신과 애착으로 아카데미를 발전시켰다. 이후 그는 아르헨티나 코르도바 국립대학교에서 명예교수가 되었으며, 현재도 조국 스위스를 비롯해 유럽과 세계 곳곳에서 독특한 외관의 건물들을 설계하고 있다.

자연과 빛의 조화

마리오 보타는 '자연과 빛의 조화를 통해 건축적인 아름다움'을 추구하는 것이 장점이자 특징이다. '빛의 장인'이라 불리는 장 누벨과 함께 빛의 조화를 건축적 요소로 가장 많이 활용한 건축가이기도 하다. 그의 설계에서는 빛과 자연적인 건축 자재를 독창적인 건축 언어로 사용한 사례를 쉽게 찾아볼 수 있다.

1. 프랑스 에브리 대성당 2. 스위스 바젤 팅겔리 박물관

　　마리오 보타는 붉은 벽돌을 자연환경과 가장 잘 어울리는 이상적인 재료로 여겼다. 마치 안도 다다오를 생각하면 노출콘크리트가 떠오르는 것과도 같이 마리오 보타와 벽돌은 너무도 친숙하다. 경사진 건물 지붕에 나무를 심어 무척이나 아름답게 표현한 프랑스 에브리 대성당[1995], 스위스 루가노 산지오바니 바티스타 교회[1996], 바젤 팅겔리 박물관[1996] 설계는 기하학적 구조로 단순하고 강

2

렬한 디자인을 만들어 낸 그만의 차별화된 특징을 보여 준다.

미국에서 마리오 보타가 처음 설계한 프로젝트는 샌프란시스코 현대미술관 SFMOMA 이다. 이 건축물은 1995년에 새롭게 건립되었으며, 그가 미국에서 엄청난 주목을 받게 된 결정적인 작품이다. 마리오 보타는 이 설계안으로 미국인의 찬사를 받았으며, 이를 계기로 미국 노스캐롤라이

1. 미국 샌프란시스코 현대미술관 2. 미국 노스캐롤라이나 벡틀러 현대미술관

나 벡틀러 Bechtler 현대미술관 2009 프로젝트를 진행할 수 있었다.

대한민국에서 설계한 프로젝트에서도 마리오 보타의 자연 친화적인 벽돌 자재를 다수 발견할 수 있다. 대표적으로 강남 교보타워 2003, 리움미술관 2004, 경기도 남양성모성지 대성당 2020 등에서 벽돌을 사용해 어떻게 장엄하고 화려하게 표현했는지를 볼 수 있다. 특히 마리오 보타가 설계에 참여했던 리움미술관은 세 개의 건축물이 각기 다른 얼굴과 기능을 상징하는데, 마리오 보타와 렘 콜하스, 장 누벨이 각기 독창적인 성향과 스스로 추구하는 방향으로 설계를 진행하여 화제가 되었다. 당시 마리오 보타는 고미술품만을 상설 전시하는 리움미술관 M1을 설계하며 도자기와 성벽을 연상시키는 디자인과 자연적인 조적 색상의 테라코타로 조화롭게 표현했다.

부산 교보타워 2000 와 제주 휘닉스 아고라 클럽하우스 2009 는 붉은 벽돌이 아니라 다른 외장 마감재를 사용했다. 아고라 클럽하우스는 제주도 서귀포 동쪽 섭지코지 휘닉스 아일랜드 리조트 내 클럽하우스로, 건물 외부를 전통적인 제주 석재로 마무리했다. 그는 이 프로젝트에서 천장의 거대한 피라미드 유리 구조물을 통해 아름다운 제주의 빛을 적극적으로 내부 공간에 활용했으며, 건축물 내에서 자연과 바다를 동시에 조망할 수 있도록 했다. 2019년에는 전남 신안 자은도를 방문하여 인피니또 공립미술관 건립을 협의하였다.

남양성모성지 대성당은 2020년 준공된 건축물로 서울에서 2시간 거리인 경기도 화성에 있다. 건축 부지는 1866년 병인박해 때 천주교 신자들이 처형된 순교지로, 1991년 국내에서 첫 번째 천주교 성모 성지로 선포된 상징적인 장소이다. 2011년, 천주교에서는 봉헌 20주년을 맞아 남양성모성지 대성당 건립을 결정하고, 최종 설계 건축가로 마리오 보타를 선정했다. 그는 8년간 14번 한국과 스위스를 오가며 설계를 완성했는데, 특히 이곳 골짜기를 오르며 특별한 영감을 받아 디자인을 진행했다고 한다. 그만의 독창적인 건축 언어를 적용해, 2개의 붉은 벽돌 탑 사이에 50m의 틈을 만들어 성당 내부로 부드러운 빛이 들어오도록 설계했다.

남양성모성지 대성당

강남 교보타워

강남 교보타워 부지는 강남대로와 사평대로가 만나는 사거리에 있으며, 과거에는 이 거리를 제일생명 사거리[현 교보타워 사거리]라고 불렀다. 강남대로는 강남구 중심을 남북으로 가로지르며, 이 길을 중심으로 서초구와 강남구가 연결되어 있다.

교보생명의 실질적인 소유주 신용호 회장은 오래전부터 서울 강북과 강남에 각각 교보생명을 상징하는 건물을 건립하고 싶어 했다. 그래서 강남 교보 사옥 부지를 사들인 뒤에는 광화문 교보 사옥처럼 서울을 대표하는 새로운 상징, 뉴욕 엠파이어 빌딩 같은 랜드마크를 만들고자 했다.

강남 교보타워는 설계 초기에는 지하 4층, 지상 7층 규모로 건립될 계획이었으나 세 번의 설계 변경을 통해 규모와 형태가 크게 변했다. 마리오 보타는 1989년 강남 교보타워 첫 스케치를 시작으로, 설계에 대한 고민과 협의에만 10년이라는 엄청난 시간을 투자했다. 신 회장의 건축에의 열정에 감동한 마리오 보타는 스위스와 서울을 셀 수 없을 정도로 오갔다. 1999년에 설계안이 확정되었고. 현재 모습인 지하 8층, 지상 25층, 연면적 9만 2,706㎡ 7,706평 규모가 되었다.

마리오 보타는 1989년 신용호 기념관에 기고한 〈그와 함께한 14년의 모험〉이라는 글에서 신 회장의 대단한 건축 사랑과 열정에 감동했다고 전한다. 건축주의 의견을 끝까지 경청하고 설득한 마리오 보타의 열정도 대단했다. 설계사 창조건축사무소와 마리오 보타는 기획한 디자인과 스토리를 신 회장에게 하나하나 설명하고 수정하는 어려운 과정을 묵묵히 수행했다.

건축주는 설계가 마무리되자 광화문 교보 사옥 건립으로 검증된 대우건설을 시공사로 결정했다. 10년이라는 설계 준비 과정을 거치며 지연으로 발생한 문제점들은 공사에서 최대한 줄이려 했고, 이에 시공사를 빠르게 선정하고 공사를 신속히 진행했다. 공사 기간은 약 2년, 총공사비로 1,400억 원이 소요되었다.

가장 중요한 건축 외형의 마감재를 선정하면서 시공사는 무게감 있는 건축 자재 스타일을 좋아했던 건축주 신 회장의 의견을 받아들여 사천시 벽돌공장에서 생산되는 붉은 벽돌을 선정했다. 자연적인 자재와 색상을 중요시했

던 마리오 보타 역시 건축주가 고른 붉은 벽돌을 무척 마음에 들어 했다.°

패널은 다양한 패턴과 입면 디자인을 적용해 변화를 주어 제작했으며, 벽돌로 된 차양으로 외부 창문을 보호하고 직접적인 열 손실을 방지하였다. 이렇게 정면 외벽은 측면의 섬세한 디자인과 다양한 표정의 입면으로 주변의 회색빛 건물과 차별을 느끼게 했다.

이 외에도 가장 차별화를 고려해 시공한 부위는 출입구 공간이다. 앞뒤 출입구 쪽 육중한 원형 기둥은 검은색과 흰색의 줄무늬 형태로 아름답고 변화감 있게 시공되었다. 마리오 보타는 과거 설계에서도 이러한 패턴을 통해 상징성과 변화를 모색해 건축물 이미지를 강조한 적이 많은데, 대표적으로 미국 샌프란시스코 현대미술관 출입구 기둥 역시 비슷한 모습으로 시공되었다.

다양한 디자인과 도시 환경을 조화롭게 하고자 빌딩

○ 미국 샌프란시스코 현대미술관과 강남 교보타워에 사용된 붉은 벽돌은 너무나 비슷한데, 다만 다른 점이 있다면 붉은색 벽돌을 현장에서 쌓아 올려 시공하는 방식이 아니라 공장에서 사전 제작해 현장에서 설치하는 프리캐스트 조적 패널 시스템이라는 점이다.

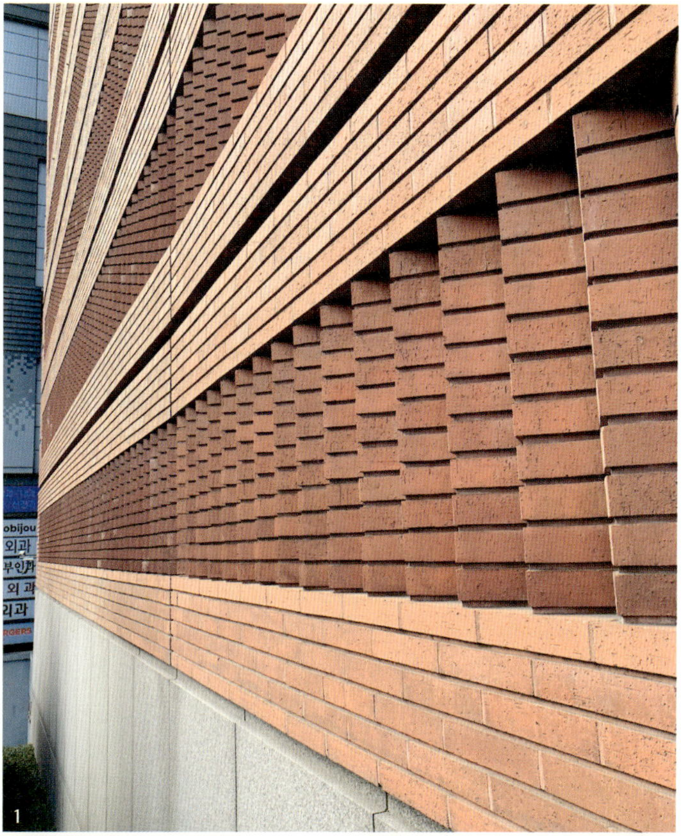

1. 벽체 디테일 2. 주 출입구 기둥 3. 건물 내부 로비

앞에 조경 공간을 만들어 도심 속 쉼터로 제공했다. 또 건물 남쪽에는 공개 공지를 집중 배치해 차량의 지하 주차장 출입과 보행자 동선을 분리하였다.

강남 교보타워 설계는 건축주와 건축가의 오랜 협의 과정을 통해 잉태된 보석 같은 작품이다. 마리오 보타는 이 설계안으로 2004년 서울시 건축상 금상을 수상했다.

건축물 소개

강남 교보타워
마리오 보타

건축가 소개

이름	마리오 보타(Mario Botta)
출생	1943년, 스위스
대표 작품	샌프란시스코 현대미술관(1995), 에브리 대성당(1995)
국내 작품	리움미술관 M1(2004), 남양성모성지 대성당(2020)
수상 경력	베통 건축상(1985), CICA 건축상(1989), 국제비평가상(1993)

건축 개요

이름	강남 교보타워
주소	서울 서초구 강남대로 465
소유주	교보생명
용도	사무실
설계 사무소	창조건축사사무소
시공사	대우건설
외부 마감	붉은 벽돌

운영 안내

관람 시간	09:00~21:00
입장료	무료
연락처	02-2210-2301

대중교통

지하철	신논현(신분당) 8번 출구
광역버스	1100, 1403, 3030, 3100, 7427, 8001, 9202, 9600, 9700, 9711
간선버스	140, 144, 145, 360, 361, 400, 420, 421, 440, 441
지선버스	3412, 4312

GT타워

피터 카운베르흐

GT타워는 서울 강남에서 가장 우아하고 아름다운 빌딩으로, S라인 유리 외형이 춤추듯 매혹적이어서 국내외로 화제가 되었다. 이 건축물은 파도치는 빌딩, 춤추는 빌딩이라도 불리며, 외국인 건축가가 한국인을 이해하고 설계한 대표적인 프로젝트이다.

건축가 피터 카운베르흐는 외국 건축가로서 한국적인 감성을 새롭게 재평가하는 과정을 통해, 그가 생각하는 한국 고려청자의 선과 빛깔, 곡선을 건축의 모티브로 삼아 형상화했다. 그러나 설계 초기부터 도자기 같은 곡선미가 등장한 것은 아니며, 피터 카운베르흐가 수십 차례 서울과 그의 조국 네덜란드를 오가며 고민을 거듭해서 탄생한 결과물이다.

특히 피터 카운베르흐는 서울시 '건축물 디자인 가이드라인' 건축 규제를 역으로 활용해 자신의 건축 감성으로 가장 이상적인 모델을 창조했다. 이런 차별화된 외형을 현실화하려면 건축비가 더 많이 들고, 공간 활용 면에선 일부 효율성이 떨어지는 등 부정적 요소들도 있었으나 그는 타고난 유머 감각과 재치로 건축주를 설득해 건물의 가치를 높이도록 제안했다.

피터 카운베르흐

피터 카운베르흐 Peter Couwenbergh 는 1965년 네덜란드 로테르담에서 출생하였으며, 델프트 공과대학에서 건축학을 전공했다. 피터 카운베르흐가 졸업한 델프트 공과대학은 1842년 개교했으며, 네덜란드에서 가장 오래된 공립 기술대학이자 네덜란드를 대표하는 대학이다. UN 스튜디오의 설립자 벤 판 베르켈도 이 학교를 졸업했으며, OMA의 창립자 렘 콜하스는 이 학교에서 교수로 재직했다.

그는 네덜란드가 아니라 핀란드와 미국에서 건축 설계를 시작하며 건축 방향과 독창성을 조금씩 넓혀 가기 시작했다. 1989년, 동료들과 함께 건축사무소 아키텍튼 콘소트 Architecten Consort 를 설립하고, 로테르담을 중심으로 건축 및 인테리어, 조경 및 도시 설계 등 설계와 연구를 통해 상업 공간과 물류센터, 관광 레저센터, 주택, 고층 빌딩 분야에 강점을 가진 회사로 번창했다.

피터 카운베르흐는 인간의 개성과 경험을 중요시하고, 행복한 삶을 지속적으로 추구하며 설계에 최선을 다하고자 노력했다. 또 건축 환경과 디자인 분야의 오랜 경험과 실용적 설계를 통해 다양한 설계 아이디어를 건축주에게 제안했다. 이러한 독창적인 운영 방식과 전략으로 그는 네덜란드를 넘어 해외 상업용 부동산과 물류센터, 유통센터 등의 설계로 괄목할 만한 성장을 이루었다. 또 네덜란드 최고의 건설회사 헤이그 BAM과 건설 및 인프라 프로젝트를 다수 수행했고, 도시 물류의 다양한 문제점에 대한 아이디어를 제안하며 도시 물류 발전을 전문적으로 연구하는 건축가로 한동안 연구 방향을 정하기도 했다. 또 네덜란드 렐리 ^{Lely} 그룹 본사와 첨단 화훼하우스, 신개념 낙농 축사 등의 건축을 진행하면서 친환경 건축의 도입과 중요성을 더욱 강조했다. 그의 대다수 설계안은 미국 그린빌딩위원회가 인증하는 친환경건축물인증제도 ^{LEED} °에서 최고점을 획득하였으며, 이후로도 친환경 건축 사례를 다양하게 선보였다.

네덜란드 렐리 ^{Lely} 그룹은 낙농 및 농업 자동화 관련 기술을 개발하는 회사로, 기업 이미지를 제고하고 환경오염을 유발하는 요소를 최소화하기 위해 피터 카운베르흐에

○ Leadership in Energy and environmental Design, 미국에서 만들어졌으나 전 세계적으로 널리 사용하는 제도로, 건물의 환경 친화적이고 지속 가능한 성능을 평가하고 인증한다.

네덜란드 렐리스타트 렐리 그룹 본사

게 렐리 사옥 설계를 요청하며 건물의 모든 마감재와 시스템을 친환경으로 구성하고, 에너지 효율 최고 등급에 맞게 설계를 요구했다. 그는 건축주의 특별한 요청에 따라 설계를 진행했고, 렐리 사옥은 네덜란드 친환경 인증 건축물로서 최고점을 획득하며 프로젝트를 성공적으로 완수했다.

　피터 카운베르흐는 그가 쌓아 왔던 독창적인 설계 방식을 한국에서도 제안하며 가치를 인정받았다. 그는 또한 한

국의 다양한 문화를 사랑한 대표적인 한국 예찬론자로, 우리나라와 네덜란드의 관계 증진과 발전에도 노력하고 있다.

춤추는 빌딩과 디자인 서울

가락건설은 국내 건설 산업의 발전에 공로가 큰 기업으로, 창업주인 김공칠 선대 회장이 GT타워 부지를 매입하고, 건설을 추진했다.

김 회장은 1919년 전남 해남군에서 태어나 부동산만으로 엄청난 자산을 축적한 인물이다. 1992년 부동산 매매 및 임대 관리를 주 업무로 하는 대공개발을 설립한 후 본격적으로 여러 채의 빌딩 건립에 착수하였으며, 테헤란로에 있는 대공빌딩과 1994년 서초대로 대각빌딩을 건립했다. 1997년에는 서초대로 가락빌딩과 종로 창신동에 동대문 빌딩을 준공했으며, 네 채의 거대 빌딩을 소유한 기업으로 발전했다.

현재 강남역 인근에서 피터 카운베르흐가 설계를 진행한 GT타워는 강남 한복판의 랜드마크 건축물로 평가받으며, 다른 건물과 차별화된다. GT타워 주변에서는 미국 록펠러 센터에 영감을 받아 설계된 삼성타운 사옥 [KPF 설계], 예술적 감성과 공간 구성으로 2009년 서울시 건축상을 수상한 오피스텔 부띠크 모나코 [조민석 설계] 등도 일반인에게 인기 있다.

GT타워 주변은 기업마다 상징성을 내세운 건물들과 건축 디자인으로 자존심을 건 경쟁이 치열하다. 이 지역이 이런 분위기로 발전한 원인은 서울특별시가 2007년부터 '디자인 서울'이라는 새로운 발전의 방향을 잡고, 싱가포르처럼 성냥갑 모양 건물 형태를 없애는 시도의 일환으로 건축 인허가 및 심의를 통해 '건축 디자인 요소'를 강화했기 때문이다. 서울시가 건축물 디자인 가이드라인을 통해 다양성을 추구하고 우수 디자인 정착을 일관되게 추진한 성과가 서서히 보이기 시작했다.

GT타워

GT타워는 2011년 준공됐으며, 지하 8층, 지상 24층, 연면적 5만 4천㎡[1만 6,300평] 규모의 건축물이다. 피터 카운베르흐와 설계사[한길종합건축 협업]는 설계를 진행하며 초기부터 한국의 미[美]를 현대적으로 재해석하는 설계 개념을 구상했다.

2008년에 들어 건축주는 기존의 단순했던 설계안을 과감하게 버리고, 서울시 건축물 디자인 가이드라인 지침을 효과적으로 이행했다. 그 결과 현재와 같은 아름다운 S라인 곡면 모양으로 형상화한 '춤추는 빌딩' 설계안으로 구체화했다.

피터 카운베르흐는 고려청자의 상징적인 곡선에서 영감을 받고 외부 디자인과 효율을 구체화했다. 건축주 가락건설은 피터 카운베르흐가 제안한 설계안을 무척이나

1, 2. GT타워 전경과 커튼 월 3. 외부 석제 난간 4. 주 출입구 로고

만족스러워했다. 실제로 완공된 GT타워는 주변에 건립된 빌딩과는 확연하게 다른 형태, 아름답고 특이하게 시도된 다양한 설계와 공법으로 사람들의 관심을 받았다.

  GT타워 외형의 부드러운 굴곡과 곡선 구조를 시공하는 데는 일반적인 시공 방식이 아닌 신공법이 필요했고, 이를 위해서는 전문 기술 인력과 시공 능력을 갖춘 건설 회사가 필요했다. 건축주는 한동안 이를 고민하다가 초고층 분야의 공사 경험이 많은 시공사[DL건설]를 선정했다. 이후 건축주는 최대한 설계안에 맞게 시공이 가능한지를 면밀하게 검토하고, 최종적으로 시공을 요청했다.

  GT타워는 바라보는 위치에 따라 각기 다른 모습으로 보이며, 특히 차량으로 움직일 때는 마치 춤을 추듯 시시각각 변해 보인다. 시공사는 이 춤추는 형상을 구현하고자 곡선 외관 디자인과 안정적인 구조 보강 및 지지를 위해 시공 초기 단계부터 BIM 설계를 적극적으로 활용했다.

  건축물의 대표적인 특징인 각기 다른 커튼 월 유리 구조에는 2,300개의 구조 형태와 1만 2,500장의 각기 다른 유리가 사용되었으며, 외부 커튼 월 형태를 표현하기 위해 외벽을 모양에 맞춰 1.5m의 알루미늄 압출 프레임으로 재단하고 이어 붙이는 과정을 반복하여 시공했다. 시공사는 건축 외장 공사를 위해 이탈리아에서 구입한 3D 가공기계 ᶜᴺᶜ 커팅 머신로 수작업을 해 수천 가지의 다양한 모양을 만들어 공들여 시공했다. 아름답고 파격적인 디자인 외형을 만드는 데는 그만큼 오랜 기간과 시공사의 숙련과 숨은 노력이 필요했다.

    GT타워는 아름다운 외형 이외에도 숨겨진 기술과 다양한 이야깃거리가 풍부하다. 대표적으로 이 건축물은 대규모 지진과 태풍에도 저항할 수 있는 내진설계 1등급 기술이 적용되어 약 6.0 정도의 지진 하중에 저항할 수 있도록 시공되었다. 또 외관에 사용한 자재 대다수가 주문 제작한 수작업품이다. 독특한 특수 공법에 관심이 많은 국내외 건축학과 교수진 및 학생이 견학을 올 정도로 한동안 유명세를 치렀다.

    현재 가락건설은 GT타워 옆에 두 번째 건축물을 건립하고자 피터 카운베르흐와 계획안을 협의하고 있다. 새롭게 계획되는 프로젝트 역시 기능적인 면에서나 관리적인 면에서 먼저 건립된 GT타워와 연계해 더욱 발전시켜 진행할 것으로 예상된다.

건축물 소개

GT타워
피터 카운베르흐

건축가 소개
이름	피터 카운베르흐(Peter Couwenbergh)
출생	1965년, 네덜란드
소속	아키텍튼 콘소트(대표)
대표 작품	네덜란드 렐리 그룹 본사 사옥(2014)
국내 작품	GT타워 이스트(2011)
수상 경력	하멜 무역상(2007)

건축 개요
이름	GT타워
주소	서울 서초구 서초대로 111
소유주	가락건설
용도	업무 시설
설계 사무소	한길종합건축사사무소
시공사	대림산업(DL)
외부 마감	커튼 월

운영 안내
관람 시간	09:00~18:00
입장료	무료
연락처	02-590-2600

대중교통
지하철	강남(2) 9번 출구
광역버스	1100, 1403, 3030, 3100, 7427, 8001, 9202, 9600, 9700, 9711
간선버스	140, 144, 145, 340, 360, 361, 400, 420, 421, 440, 441
지선버스	서초09, 서초10, 서초11

방문 추천 코스

세곡동

상징성　　작품성 ⭐　　건축가 ⭐　　접근성 ⭐

① LH 강남 힐스테이트 프리츠 반 동겐　≫　② 강남에버시움 야마모토 리켄

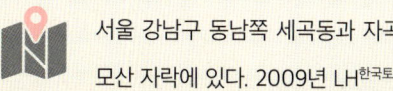
서울 강남구 동남쪽 세곡동과 자곡동은 개발제한구역이었던 대모산 자락에 있다. 2009년 LH한국토지주택공사가 국제 지명 설계 방식으로 '강남 보금자리주택 시범지구'를 건설했다. 특별 설계 건축 단지인 이 지역에서는 서울 강남구 한가운데서 느끼기 힘든 자연과 세곡공원 주변에서 살아가는 도시민의 삶을 엿볼 수 있으며, 주변 단지 설계안 중에는 2014년과 2016년 한국건축문화 본상을 수상한 프로젝트들이 있다.

이 단지가 특별한 이유는 여기에 참여한 두 명의 건축가가 '동서양을 대표하는 주거 건축의 전문가'이자, 프리츠커 건축상을 수상했다는 공통점이 있기 때문이다. 더욱이 각 건축물이 도로 하나를 사이에 두고 있어 동서양의 가치관과 주거관 차이를 한눈에 볼 수 있다. 이곳에서 네덜란드 건축가 **프리츠 반 동겐**의 유럽식 주거와 일본인 건축가 **야마모토 리켄**의 동양식 아파트 단지가 어떻게 각각 공간 구성과 문화적 감성을 표현했는지 비교할 수 있다.

LH 강남 힐스테이트
프리츠 반 동겐

　　　　　　　　　　LH 강남 힐스테이트는 일반적인 아파트 단지가 아닌 2015년 준공된 공공임대 아파트 단지이다. 건축가 프리츠 반 동겐은 한국에서 일반적인 성냥갑 모양의 배치가 아닌 '다이아몬드형' 배치를 설계 방향으로 정하고, 유럽식 중정과 인간 중심적 설계 방식을 도입했다. 그는 모든 주거동의 중정 공간을 마당으로 활용해 커뮤니티를 강화했다. 이를 통해 한국 주거의 특수성을 유럽식 공간과 한 그릇으로 담아 자유롭게 만나 함께 소통하고 교류하는 열린 공간을 만들었다.

　건축가 프리츠 반 동겐은 이를 위해 대지 환경에 순응하고 대모산 지형의 높낮이를 이용했으며, 계획 도로 및 에너지 효율 등 특수 조건에 따라 다양성을 가진 단지로 완성하였다. 아울러 모든 동의 동선과 출입 공간을 서로 다른 그래픽으로 채색해 인지성을 높이는 디자인으로 2016년 한국건축문화대상 대상을 수상했다.

프리츠 반 동겐

　프리츠 반 동겐 Frits van Dongen 은 1946년 네덜란드 12개 주 중 하나인 노르트브라반트 스헤르토헨보스에서 태어났다. 암스테르담에서 약 80㎞ 떨어진 이곳은 축구선수 박지성과 이영표가 활약한 PSV 에인트호번과 같은 지역이어서 우리에게 익숙하다.

프리츠 반 동겐은 델프트 공과대학교에서 건축을 시작했고, 같은 학교 대학원을 졸업했다. 1985년, 그는 네덜란드 델프트에 반 동겐Van Dongen Architekten 사무실을 처음 설립했는데, 초기에는 설계 실적이 많지 않아 경제적으로 상당히 힘들었다고 한다. 이후 건축적 사고와 추구하는 방향이 비슷했던 패트릭 코슈흐Patrick Koschuch와 함께 시에 아키텍츠de Architekten Cie 건축사무소를 설립하고, 1988년부터 2012년까지 공동대표를 지냈다.

2011년 8월, 국가가 지정하는 '수석 건축가'로 임명받은 프리츠 반 동겐은 VDK van Dongen-Koschuch Architects and Planners 로 회사명을 바꾸고, 건축가이자 기획자로 변화의 길을 개척하여 인정받기 시작했다. 2006년에는 네덜란드 건축가협회 Bond van Nederlandse Architecten, BNA 에서 그랑프리상까지 받았다. 이후 그는 네덜란드 왕립 건축가2011~2015 이자 도시 계획가로 건축, 도시 계획 정책 수립에 깊이 관여하며 국가 건축 문화 발전 업무를 수행하였다.

프리츠 반 동겐은 지금도 네덜란드 건축가의 풍요로운 건축적 감성과 이국적인 설계 작품으로 전문가에게 좋은 평가를 받고 있으며, 네덜란드에서 크고 작은 건축 작품을 남겼다. 특히 인간 중심의 설계를 강조하는 건축가로서 파격적이고 창조적인 건축 설계를 진행했다.

인간 중심

프리츠 반 동겐은 도시 건축물의 특징과 건축 개념을 새롭게 제안하는 몇 안 되는 건축가로, 주택 설계와 공간 디자인에 탁월하고 독창적인 강점이 있다.

그의 이름을 전 세계에 알린 대표 프로젝트는 네덜란드 로테르담 드 란트통 De Landtong 주거 단지 1998 와 고래 The Whale, 2000 이다. 그는 도시 공간의 한계를 고밀도 주거로 재구성했으며, 커뮤니티 광장 중심의 혁신적인 주거 공간 및 계단식 옥상, 단단한 벽돌 외장을 제안하여 전 세계에 새로운 이정표를 수립했다.

이후로도 그는 암스테르담 AFAS Live 2001, 암스테르담 22층 144세대 규모의 쌍둥이 주거 단지인 사이드 바이 사이드 Side by Side, 2007, 니우베헤인 쿤스트 클러스터 Kunstcluster, 2012,

아른헴 뮤 시스 사크럼[2019] 등을 설계하며 이름을 알렸다.

프리츠 반 동겐의 대표적인 설계안 공동주택 고래는 상징적인 이름에 걸맞게 차별화된 외형과 구조를 보여 준다. 네덜란드 암스테르담 동부 스포렌버그 인공섬 중앙에 설계된 이 주거 건축물은 고밀도 주거 문제를 다양한 유형의 주택과 조밀하게 배치한 공간으로 슬기롭게 해결한 건축물이다. 그의 설계는 최적의 밀도를 효율적으로 개발해야 하는 핵심 조건을 이행하기 위해 공공성을 강조하고 오픈 스페이스를 인간 중심으로 배치한 것이 특징이다. 내부는 외부와 자연스럽게 연계되는 열린 구조로 배치했으며, 중정의 채광을 위해 태양의 고도와 방향을 고려하여 설계했다. 이 건축물의 가장 큰 특징인 거대한 매스는 마치 거대한 고래가 바다 위로 뛰어오르는 듯 보이는 인상적인 형태로, 연면적 10만 900m^2 [약 3만 평], 214세대의 아파트와 상업 시설, 179대의 주차 공간으로 설계했다. 고래의 핵심은 중정 공간으로, 단지 외부의 각 모서리 부분에서 중정을 바라보고 접근할 수 있도록 설계하여 사람 사이 교류의 중요성을 강조한 프리츠 반 동겐의 공간감을 보여 준다.

네덜란드 암스테르담 고래

그의 또 다른 프로젝트 AFAS 라이브^{Live}는 암스테르담 요한 크루이프^{Johan Cruyff} 아레나 근처에 있다. 이 건축물은 1996년 착공되어 2001년 준공 후 '하이네켄 뮤직홀'이라 불렸으나, 2017년부터 'AFAS 라이브'로 이름이 바뀌었다. AFAS 라이브라는 이름이 우리에게 익숙한 이유는 2023년 네덜란드 국왕의 초청으로 걸그룹 '레드 벨벳'이 공연한 곳이기 때문이다. 이 건축물은 네덜란드 정부가

네덜란드 암스테르담 AFAS 라이브

건축비로 3천만 유로를 들여 건립한 콘서트홀 겸 다목적 이벤트 공간으로, 6천 명을 수용할 수 있는 대규모 메인 홀블랙박스과 다양한 복합 기능을 수행할 수 있는 공간으로 건축되었다.

또 다른 설계안 쿤스트 클러스터는 네덜란드 니우베헤인에 있는 건축물로, 프리츠 반 동겐과 패트릭 코슈흐가 함께 설계한 프로젝트이다. 극장과 예술센터, 두 개 블록으로 설계됐고, 외부로 돌출된 발코니와 초록색 난간은 네덜란드 감성과 혁신적 건축 감성을 느끼게 한다. 두 개의 극장 중 하나는 700명의 관객을 수용할 수 있으며, 모든 유형의 공연을 할 수 있는 무대와 음악 및 연기 수업이 가능한 다기능 극장이 있다.

그는 우리나라에서도 합리적인 디자인으로 생활 환경을 개선하는 다양한 프로젝트를 진행했다. 대표적인 프로젝트는 LH 강남 힐스테이트[2015]와 빌리브 하남[2021]으로, 이국적인 공간감과 파격적인 주거 설계 개념을 선보였다. 경기도 빌리브 하남은 지상 10층 규모, 344실의 준주거 오피스텔 단지로, 네덜란드에 먼저 설계한 공동주택 고래와 가장 유사한 공간 설계와 단지 개념을 적용한 점이 특징이다. 이곳에 유럽 감성의 중정을 도입해 차별화된 녹지를 제안하고, 다양한 주거 유형과 조경 및 스카이 브리지, 넓은 공유 커뮤니티 시설을 마련해 도시 속 작은 마을을 조성했다.

이 외에도 프리츠 반 동겐은 서울 개포 1단지와 잠실 우성아파트, 잠실 주공 5단지 재건축 설계를 국내 설계사무소와 협업하여 진행한 바 있으며, 최근에는 서울주택도시공사[SH]가 주관하는 서초구 방배동 성뒤마을 마스터플랜 설계 공모전 1단계, 2단계 외국인 심사위원으로 위촉되었다.

서울특별시 강남 보금자리 지구는 국토해양부와 LH의 주도로 추진된 시범 사업 지구로, 대한민국 서울에서 처음으로 특별건축구역°으로 지정된 곳이다. 강남구 자곡동, 세곡동, 율현동 일원 94만㎡ 부지, A1~A7 블록 6,821세대가 여기에 속한다. 특히 건축가 선정에 있어 '국제 지명 공개 선정' 방식을 이용해 국내외 유명 건축가가 참가했다. 최종적으로 A3 블록 야마모토 리켄^{야마모토 리켄&필드숍}, A4 블록 이민아^{협동원건축사사무소}, A5 블록 프리츠 판 동겐 등 다양한 국가의 건축가가 선정되었다. 이 중 프리츠 반 동겐과 야마모토 리켄은 파격적인 공동주택 디자인을 도입하고 주민의 사회적 접촉과 교류를 위해 마당 개념과 커뮤니티를 새롭게 도입했다는 공통적인 특징이 있다.

LH 강남 힐스테이트

LH 강남 힐스테이트가 건립된 지역은 과거 그린벨트

○ 건축법 등 관계 법령의 일부 규정을 적용하지 않거나 완화 적용해 '조화롭고 창의적인 건축물과 아름다운 도시 경관 창출'을 목적으로 특별히 지정하는 일종의 디자인 자유 구역이다.

Greenbelt에 속한 땅으로, 정부 주도하에 계획적으로 해제하여 개발된 지구이다. 정부는 무주택자에게 주택 마련의 기회를 주고, 저소득층의 주거 안정 및 주거 수준 향상을 도모하고자 특별하게 보금자리 주택 단지로 조성했다. 이 설계가 진행되던 당시에는 특히 디자인 선도 시범사업에 대한 정부와 LH의 의지, 관계 법령의 완화 등을 통해 국내에서는 좀처럼 찾아볼 수 없었던 참신한 주거 모델이 대거 등장했다.

현재 LH 강남 힐스테이트 부지는 북서쪽으로 293m 높이 대모산과 남동쪽으로는 세곡공원이 자리하며, 서에서 동으로 세곡천이 흐르고 있어 자연과 조화를 이루는 친환경 사업 지구이다. 단지 남쪽으로 20m 폭의 헌릉로, 동쪽으로 밤고개길이 있고, 인근에는 용인-서울 간 고속도로와 분당-수서 도시고속화도로, 수도권 제1 순환도로가 인접해 있다.

프리츠 반 동겐이 설계한 LH 강남 힐스테이트는 집에서 잠만 자는 베드타운에서 자연과 어울려 살아가는 도시로 변화하도록 추진되었다. 이렇게 차별화된 주거 단지로 발전시키기 위해 친환경 공원 도시 Park City와 명품 주거 단

LH 강남 힐스테이트 단지 내 중정

지 조성을 목표로 내걸었다. 프리츠 반 동겐은 지상 18층, 지하 3층 규모, 1,339세대 5개 동의 아파트 단지를 8개의 평면 타입으로 제안하며 주거 공간의 혁신적 활용과 새로운 주거 비전 제시를 통해 아파트 주거의 인식을 전환했다. 그와 함께한 국내 설계사 선진엔지니어링는 기본 계획부터 실시 설계까지 체계적으로 협업했다.

LH 강남 힐스테이트 단지 환경 설계의 가장 큰 특징은 주변의 풍부한 녹지와 공원을 연계해 환경 친화적으로 설계한 점이다. 이를 위해 기획 설계안과 공사 현황을 재비교하며 적정성을 재검토했고, 착공 후부터는 대모산 지형의 손실을 최소화하기 위해 단지 주변 부지의 절토 깎아 내림 및 성토 쌓아 올림의 양을 적절하게 비교하며 시공했다. 이렇게 기존 녹지를 최대한 보호하기 위해 커뮤니티와 중정, 주변 고저 차에 조경과 토목 공사를 적절하게 고려하여 시공함으로써 대모산, 세곡공원과 어우러져 자연과 함께 하는 단지를 조성하였다. 동과 동 사이의 높낮이를 달리해 시원한 공기가 지나갈 수 있는 별도의 바람길도 만들었으며, 이를 통해 사방이 건물로 막혀 있는 중정에서도 시원한 바람을 느낄 수있게 되었다.

LH 강남 힐스테이트의 혁신적인 외형

LH 강남 힐스테이트를 시공한 실무 담당자^{현대건설} 역시 기존 지형을 최대한 훼손하지 않고 살리기 위해 시공 전후로 고민을 많이 했다고 한다. 또 건축 외형을 주변 산과 같은 형태로 디자인해 스카이라인의 균형을 이루도록 한 점은 주목할 만하다.

　LH 강남 힐스테이트는 기존의 획일화된 아파트와는 달리 혁신적인 외형 디자인과 주변 자연환경 및 지형을 다양하게 연계했고, 유럽식 중정을 국내 최초로 실현한 단지이다. 단지 내 모든 동은 건축물 사이를 여유롭게 확보하고 세대 전체를 최대한 남향으로 배치해 단위 세대의 환기와 채광을 효율적으로 설계한 점이 특징이다. 단지 배치는 기존 판상형 퍼즐 배치를 지양하고, 국내 최초로 모든 동을 다이아몬드 형태로 배치했다. 아울러 동 사이의 중정을 통해 출입구와 보행자 동선이 효율적으로 연계되도록 했다. 거주인은 각 동의 유럽식 중정을 통해 조경과 어린이 놀이터를 공유하며 간접적으로 외부와 분리되었으며, 커뮤니티 공간과 단지 동선을 체계적으로 연계하여 이웃 간 소통을 강화했다. 아파트 입면은 입구와 복도에서 단지 내 중정을 바라보게 배치해 보안 및 범

1. 다양한 입면 창호 루버 차단 시설 2, 3. 개방적인 통로 4, 5. 주 출입구의 그래픽 채색

죄 발생을 최소화하는 범죄예방환경설계 Crime Prevention Through Environmental Design, CPTED, 셉티드를 적용했다.

한편 시공사는 거주 공간끼리 서로 마주 보거나 동 간 거리가 가까운 세대의 사생활 보장을 위해 아파트 외부에 총 12만 장이 넘는 루버 차단 시설을 별도로 시공했다. 이 아이디어를 통해 결과적으로 민원을 예방하고, 세대 내부의 단열 기능을 극대화하는 이중 효과를 얻었다. 또 외벽 미닫이 차단 시설의 창을 여닫는 상황에 따라 불규칙적인 패턴이 생기면서 매일 표정이 변화하는 아파트 단지 입면이 되었다.

이 외에도 단지 내 모든 차량은 공용 지하 주차장으로 출입하도록 했고, 주차장, 관리사무실, 각종 지원 시설은 사적 영역을 침범하지 않도록 설계했다.

건축물 소개

LH 강남 힐스테이트
프리츠 반 동겐

건축가 소개

이름	프리츠 반 동겐(Frits van Dongen)
출생	1946년, 네덜란드
대표 작품	암스테르담 고래(2000), 니우베헤인 쿤스트 클러스터(2012)
국내 작품	LH 강남 힐스테이트(2015), 빌리브 하남(2021)
수상 경력	한국건축문화대상 주거 부문 대상(2016)

건축 개요

이름	LH 강남 힐스테이트
주소	서울 강남구 자곡로3길 21
소유주	분양
용도	아파트
설계 사무소	선진엔지니어링건축사사무소
시공사	현대건설
외부 마감	도장

대중교통

간선버스	440
지선버스	2412, 4425, 8441, 강남03

강남에버시움
야마모토 리켄

야마모토 리켄은 주택을 평생 연구해 온 보기 드문 주택 전문가이자 건축가이다. 지역 사회권과 공동체 공간 개념의 중요성을 2009년부터 지속적으로 제안했고, 스스로의 건축 설계에도 반영해 왔다. 그는 이러한 설계 공로를 인정받아 2024년 프리츠커 건축상 수상자로 선정되었다.

야마모토 리켄은 강남에버시움을 설계하며, 도시의 가장 큰 문제가 1~2인 중심의 핵가족 주거 공간이라고 생각했다. 그래서 지역 사회권을 통해 더불어 사는 공동체, 상부상조하는 삶이 실질적인 해결 방안이라고 생각했다. 또 공적 공간과 사적 공간의 경계를 무너트려 커뮤니케이션을 증진하는 건축을 추구했다. 그 방법으로 단지 내 시설 공유와 오픈 스페이스를 설계의 중요한 요소로 적용했다. 파격적인 유리 현관문, 공용 마당과 이웃, 동과 동 사이의 연결 통로 Bridge 로 '하나의 마을과 동네를 형성'하며 아파트도 고향이 될 수 있다는 생각을 현실화했다.

야마모토 리켄

야마모토 리켄 山本理顕, Yamamoto Riken 은 1945년 4월 중국 베

이징에서 태어난 일본인으로, 전쟁 전후 일본 요코하마에서 쭉 성장했다. 그는 1967년에 일본 대학 건축학과를 졸업하고, 1971년 도쿄 예술대학에서 미술 연구과 석사 학위를 취득했다. 이후 도쿄 대학 하라 히로시[생산기술연구소] 교수 밑에서 건축 설계를 배웠다.

야마모토 리켄은 1973년 설계에 대한 자신감과 가까운 미래를 준비하는 마음으로 자기 이름을 딴 건축사무소 야마모토 리켄 설계공장 Yamamoto & Field Shop 을 설립하고 본격적으로 건축 설계에 전념했다. 2002년부터 2007년까지 고가쿠인 대학 교수로 재직했으며, 2007년부터 2011년까지 요코하마 국립대학 대학원에서 객원교수를 지냈다. 이어서 일본 대학 대학원 특임교수[2011~2013], 조케이 예술디자인 대학[2018~2022] 총장을 역임한 후, 현재 도쿄 예술대학 객원교수로 재직하고 있다.

야마모토 리켄은 50년 동안 다양한 설계 활동을 했으며, 많은 상을 받았다. 일본 카지마 건축상[1985], 일본 건축학회상[1988], 요코하마 최우수 건축가상[1998], 일본 미술 아카데미상[2001], 후쿠시마 에콤[Ecoms] 파빌리온상[2004]을 수상했다. 또 요코스카 미술관 설계를 계기로 가나가와 건축상[2007]과 일본 BCS상[2008]을 수상했다. 2010년에는 취리히 공항 콤플렉스 빌딩 The Circle at Zurich Airport 국제 건축 공모전, 서울 강남 지구 국제 초청대회[2010]에서 1위를 수상하며 설계를 진행했다. 야마모토 리켄의 영광은 여기에서 그치지 않고, 그의 나이 78세였던 2024년 일본인으로는 아홉 번째로 프리츠커 건축상을 수상하는 영예를 얻었다. 그는 이후로도 지속 가능한 건축 설계를 통해 사회적 가치를 제시한 공로로 스위스 다보스 크리스털상[2025]을 받았다.

공동주택의 전문가

야마모토 리켄은 일본 건축가 중 공동주택 분야에서 설계 경력이 많으며, 주거 공간과 커뮤니티의 중요성을 평생 강조한 건축 전문가이다. 그는 일본에서 주거 연구에 대한 긍정적 사고를 현실화하고자 그가 중요하게 생각하는 공동체 문화의 공간 개선을 다양한 설계에서 점진적으로 표현해 왔다.

야마모토 리켄의 대표적인 설계는 일본 구마모토 호타쿠보 주거 단지[1991]와 저소득층 및 주거 지원이 필요한 주민에게 제공하는 요코하마 시영주택이다. 또 사이타마 현립대학[1999]과 하코다테 미래대학[2000] 프로젝트를 통해 왕성한 설계 활동을 보여 주었다. 이후로도 일본 도쿄 시노노메 캐널코트[2003], 중국 베이징 진와이 소호 복합단지[2004], 일본 가나가와 요코스카 미술관[2007], 도쿄 서부 훗사 시청사[2008], 중국 톈진 도서관[2012], 가나가와 시립 코야스 학교[2018]를 설계했다. 국제 현상 설계로 당선된 스위스 취리히 공항 '더 서클'[2020]은 공항 이용객에게 집처럼 편안하고 다양한 체험이 가능한 공항 지원 시설을 제안했다. 대만 타오위안 미술관[2022], 나고야 조형대학[2023]도 그의 설계안이다.

호타쿠보 단지는 일본 구마모토현에 건립된 아파트 단지이다. 이 건축물은 1988년 착공해 1991년 12월에 준공됐으며, 연면적 8,753㎡[2,600평], 110세대 규모의 세 개 동으로 이루어진 비교적 소규모 단지이다. 이 설계가 중요한 이유는 '구마모토 아트폴리스'라는 도시건축 문화 운동 사업의 일환으로, 중심지에서 멀리 떨어진 호타쿠보 단지의 환경을 차별화하여 일본의 주거 문화를 격상한 대표적인 설계이기 때문이다. 이 설계안의 특징은 아파트를 방

일본 구마모토 호타쿠보 단지

문하는 모든 외부인이 각 세대로 출입하려면 1층 주거 지원 시설을 통해서만 가능한 폐쇄적인 배치 방식이라는 점이다. 건축가 야마모토 리켄이 이렇게 파격적인 설계를 진행한 이유는 사적 공간과 공적 공간의 중요성을 새롭게 적용했기 때문이다. 단지 주민의 복지와 안전을 최우선하여 외부인의 커뮤니티 시설 이용을 제한하는 설계 개념을 도입해 당시로는 혁신적이라는 평가를 받았으나 이후에는 시도하지 못했다. 이 아파트 단지가 주목받았던 또 다른 이유는 외부를 노출콘크리트로 시공하고, 지붕과 계단실을 방패연 모양 금속 지붕으로 마감해 차별화된 아름다움을 표현했기 때문이다.

그가 설계한 또 다른 대표 프로젝트인 요코스카 미술

일본 도쿄 훗사 시청사

관은 일본 가나가와현에 있는 미술관으로, 2007년 개관 100주년을 기념해 건립되었다. 바다 쪽에서는 미술관 외형이 보이지 않도록 지하에 구축된 건축물로, 숲속 중간에 유리와 철재 구조물로 시공되었다. 내부에서는 전망 좋은 도쿄만을 바라볼 수 있으며, 1층 루프 탑 테라스를 이용해 외부 바다와 산으로, 내부 전시실에서 외부로 출입이 가능하다. 내부는 백색 벽체 사이로 원형 창호를 설

일본 가나가와 요코스카 미술관에서 바라본 바다

치해 아름답고 편안하게 미술을 경험할 수 있도록 했다.

야마모토 리켄의 설계안은 대한민국에도 건립돼 있다. 가장 대표적인 프로젝트는 경기도 판교 주택 단지 월든힐스 운중블록 B5-2, 2010 와 강남에버시움 LH 강남 3단지, 2010 공동주택 단지이다. 월든힐스는 9개의 저층 클러스터° 공간, 913가구로 구성되어 있으며, 공적 공간과 사적인 영역을 허물어 인간성 회복을 목표로 했다. 이 프로젝트들은 우리나라에서 상당히 상징적으로 평가받는데, 특히 '이웃과 더불어 사는 공동체'의 중요성을 염두에 두고 설계했으며, 사회 변화에 대응한 주택이라는 것이 특징이다.

야마모토 리켄은 일본의 발전 과정을 닮고 있는 한국 주거 문화의 문제점과 특징을 고령화 시대, 1인 가구 시대로의 급격한 진입과 커뮤니티에 대한 중요성으로 생각했다. 그러나 대한민국과 일본의 주택 문화를 동일하게 판단한 결과, 처참한 비판을 받았다. 그가 평소 중요하게 생각했던 '공동체 공간 요소'는 한국에서는 '프라이버시 침해'라는 치명적인 문제로 지적받았고, 이로 인해 야마모

○ cluster, 유사한 기능이 한곳에 모여 있는 단위체. 다양한 개수로 시너지를 노릴 수 있는 긍정적인 조건을 의미한다.

토 리켄이 설계한 아파트 단지들은 대다수 미분양의 치욕을 경험했다. 그러나 그의 설계안은 저소득층이 모여 사는 임대 단지라는 편견을 깨기 위해 건축 방향을 잡았다는 의미가 있고, 특히 설계를 국제 현상으로 진행했다는 상징성도 있다.

강남에버시움

야마모토 리켄이 설계한 강남에버시움^{LH 강남 3단지} 설계안은 독거노인, 1~2인 가구 등 임대주택 거주자의 사회적 접촉과 교류를 위해 단위 주거에는 사랑방 개념을, 외부 공간에는 공동 마당 개념을 도입했다. 그는 이 설계에서 이웃과 접촉하는 기회를 확대하고 공동체 공간을 다양화하는 설계를 계획했다. 15개 동 1,065가구 규모로, 이 중 873가구는 국민임대주택^{전용 36, 46㎡}이고, 192가구는 영구임대주택^{전용 21, 29㎡}이다.

야마모토 리켄 설계^{가아건축사무소 협업}의 가장 큰 특징은 대한민국 주택 문화와 정서를 이해하고, 주거 공간을 존중하는 마음으로 설계에 접근한 방식이다. 그는 한국의 전통적인 사랑방과 마당 개념을 현대 주거 공간에 적절하게 도입해 단절된 거주자의 커뮤니티를 회복시키는 데 설계 방향을 두었다. 특히 현대 사회의 대표적 문제점으로 지적되는 가족 관계 붕괴와 노인 소외 현상, 이웃 간의 단절 등은 지역 사회의 커뮤니티 공간 활용으로 충분히 해소할 수 있다고 생각했다.

야마모토 리켄은 '주민 간 소통'을 위해 아파트를 동별, 평형으로 구분하는 방식이 아닌, 층$^{1~2층}$별로 배치해 주민 간의 사회성을 혁신적으로 개선하였다. 또 단지 내 공간들은 다양한 재료와 색을 이용해 층과 기능을 다채롭게 표현했다. 동마다 빨간색, 파란색, 노란색 등등 다양한 색상을 적용하고, 바깥쪽과 안쪽도 색상을 다르게 하여 색채가 주는 긍정적 효과를 극대화했다. 아울러 아파트 사이사이에는 녹지 공간을 조성하고 마당과 주민 커뮤니티를 연계해 놀이터와 커뮤니티실, 오픈 스페이스의 동선이 주거와 이어지도록 유도했다.

야마모토 리켄의 설계 요소 중에서 가장 파격적인 것은 모든 현관문을 통유리로 설계하여 지역 사회권을 회복하려는 설계 개념이었다. 그러나 외부에서 내부를 바라볼 수 있어 프라이버시 침해라는 문제점이 제기되기도 했다.

강남에버시움 건설을 책임진 시공사^{풍림산업}는 주변 근린공원과 남쪽으로 트인 조망이라는 천혜의 대지 조건, 경사진 땅의 형태와 모양을 최대한 훼손하지 않고 각 아파트 세대의 조망과 환기가 자유롭도록 고민하며 시공했다. 특히 아파트 단지의 차별화된 배치는 주민의 소소한 생활 공간을 개선하는 새로운 주거 형식에 맞도록 꼼꼼하게 시공되었다. 5개의 고층형 및 저층 타워 동을 혼합하여 구성해 서로 엇갈린 배치로 조망이 가능하도록 했다. 이와 함께 모든 아파트를 일자형^{판상형}으로 배치해 마주 보게 하고, 아파트와 아파트 사이는 12~15m 여유롭게 이격하였다. 단지에는 4개의 클러스터를 시공했고, 아파트 2개 블록 사이에는 차가 없는 안전한 중앙 마당 공간인 커먼 플라자^{Common Plaza}를 조성해 쾌적함을 느끼게 했다.

인접한 동 사이에는 공공 커뮤니티 공간, 작은 도서관, 사랑방, 놀이터, 쉼터 등을 조성하였으며, 모든 아파트 클러스터 단지는 야외로 개방되어 있다. 동 사이를 연결하는 입체적인 브리지^{Bridge}와 산책로는 인간적 교감을 이루는 연계 요소로 활용했다. 아파트 저층부는 구역별로 필로티, 녹지 라인, 주차 공간을 구분하여 차량 동선,과 보행

1. 고층 아파트 입면 색채 구성 2. 저층 아파트 입면 패턴 3, 4. 동과 동을 연결하는 브리지 시설

자 동선을 분리했다. 저층부 아파트 복도 입면은 더블 스킨으로 시공해 프라이버시 침해를 최소화하고, 다양한 변화 가림막을 입면의 디자인 요소로 활용했다.

야마모토 리켄은 이 프로젝트에서 지역 사회권과 커뮤니티를 통해 세대 간 단절을 해결하려고 한 노력을 인정받아 2014년 한국건축문화대상 주거 부문 본상을 받았다.

건축물 소개

강남에버시움
야마모토 리켄

건축가 소개

이름	야마모토 리켄(Riken Yamamoto)
출생	1945년, 일본
소속	야마모토리켄설계공장(山本理顕設計工場, Riken Yamamoto & Field Shop)(대표)
대표 작품	일본 호타쿠보 1단지(1991), 중국 진와이 소호 복합단지(2004), 대만 타오위안 미술관(2022)
국내 작품	강남에버시움(2013), 판교 월든힐스 2단지(2019)
수상 경력	요코하마 건축상(1998), 가나가와 건축상(2007), 프리츠커상(2024)

건축 개요

이름	강남에버시움(LH 강남 3단지 아파트)
주소	서울 강남구 자곡로3길 22
소유주	분양
용도	아파트
설계 사무소	가아건축사사무소
시공사	풍림산업건설
외부 마감	도장

대중교통

간선버스	440
지선버스	2412, 4425, 8441, 강남03

(방문 추천 코스)

마곡동

상징성   작품성 ⭐   건축가 ⭐   접근성 ⭐

① **LG아트센터 서울** 안도 다다오 ➤➤ ② **코오롱 원앤온리타워** 톰 메인

옛날, 마뜨를 많이 심은 데서 지명이 유래한 강서구 마곡은 주거와 업무 공간 그리고 넓은 공원 녹지가 함께하는 새로운 신도시로 부각하고 있다. 최근 서울 서남권에서 살기 좋은 동네로 입소문이 나며, 가양동, 방화동, 공항동 등이 주목받고 있으며, 또한 프리츠커 건축상과 AIA 금메달을 수상한 두 명의 건축가가 설계한 세계 최고의 건축 작품을 경험할 수 있는 특별한 공간이다.

안도 다다오가 설계한 LG아트센터는 단순한 공연 시설이 아닌 문화 예술과 건축, 지역 가치를 상승시키는 지역 랜드마크로 자리 잡았다. 이 건축물은 안도 다다오 특유의 공간미를 담은 설계로 건축계의 주목을 받았으며, 서울시 건축대상[2023]을 받았다.

LG아트센터 정문에서 나와 마곡 중앙로를 따라 800m를 직진하면 건축가 **톰 메인**이 설계한 코오롱 원앤온리타워가 있다. 이 프로젝트는 연구와 업무 공간의 영역을 넘어 건축적 실험과 공공성, 브랜드의 가치를 상징적으로 향상시킨 건축 설계안으로, 사옥 내에 전시 및 문화 행사 등을 위한 공간이 마련되어 있다.

이 외에도 마곡 구역에는 생태 문화의 중요성과 자긍심을 심어 주고자 15만 2천 평 규모의 서울식물원이 건립되었다. 가족과 어린 청소년들의 방문을 적극 추천한다.

LG아트센터 서울
안도 다다오

──────────────── 필자가 처음 안도 다다오라는 이름을 알게 된 것은 대학 2년 때였다. 오래되고 해진 서적에서 안도 다다오의 권투선수 시절 사진을 보고, 누구를 죽일 듯 강렬했던 눈빛의 그가 건축가라는 사실에 큰 충격을 받았다. 이후 안도 다다오가 지은 몇 권의 책을 읽으며 그의 드라마 같은 생애에 빠져들었고, 이듬해 필자는 1년 후배 김원종와 함께 무작정 생애 첫 해외여행을 일본 오사카로 떠났다. 그러나 안도 다다오를 꼭 만나 겠다고 생각한 우리는 오사카역에 도착하자마자 현실적인 문제에 직면했다.

오사카역 안내소에서 안도 다다오의 사무실을 찾아가는 교통편을 문의했는데, 필자가 준비한 주소와 사무실의 위치가 전혀 달랐다. 손짓발짓으로 대화해 어렵게 안도 다다오 건축사무실과 전화가 연결되었다. 30분 정도 지나 유창하게 영어를 구사하는 일본인 여성이 오사카역까지 찾아와 주었다. 그를 따라 사무실에 도착했으나, 아쉽게도 안도 다다오는 해외 출장 중이었다. 안도 다다오가 르코르뷔지에에게 반해 처음 유럽을 찾아갔으나 그가 사망하여 만나 보지 못한 마음을 필자도 느끼게 되었다.

대학 시절
안도 다다오 사무실을 방문했던 필자

 어찌 되었건, 안도 다다오 사무실의 규모는 생각보다 크지 않았다. 우리를 마중해 준 직원은 우리가 안도 다다오의 어느 분야에 관심이 있는지 궁금해했다. 그 이유는 우리와 같이 사무실을 찾아오는 방문객에게 안도 다다오가 설계한 주거, 종교, 미술관 및 상업 건축물 등의 다양한 관심 분야에 맞춰 설계 내용, 찾아가는 방법 등을 소상하게 알려 주기 위해서였다. 이러한 과분한 친절과 준비성은 건축을 공부하던 필자에게 오랫동안 감동을 주었다.
 설계가 진행되는 2층 이상의 업무 공간은 방문할 수 없었지만, 지하에 있는 모형 제작실을 볼 수 있었는데, 우리는 이곳에서 건축에 대한 정열과 또 다른 신세계를 경험했다. 우리나라에서는 경험 많은 선배들이 기획과 디자인 설계를 주로 진행하고, 후배들은 도면에 맞춰 30㎝ 남짓 크기로 모형을 제작하곤 했다. 그런데 안도 다다오 설계 사무실에서는 한국과 반대로 경험 많은 책임자가 엄청난 규모 1m×2m의 모형을 꼼꼼하게 제작하며 다시 도면을 확인하고, 시공자와의 완벽한 교감을 위해 우리의 5배가 넘는 엄청난 양의 상세 도면을 그리고 있었다.

필자가 이날을 기억하며 두 국가의 설계를 생각해 보면, 우리나라에서는 고급 타일이나 벽지, 기타 고급 내부 마감재로 골조를 감추는 도면을 작성하는데, 일본은 공간의 순수한 마감과 디테일을 보여 주기 위해 도면을 작성한다는 차이가 있었다.

안도 다다오

안도 다다오 安藤忠雄, Ando Tadao 는 1941년에 일본 오사카에서 쌍둥이로 태어났다. 그의 어머니는 둘을 모두 부양할 형편이 되지 않아 어쩔 수 없이 먼저 태어난 그를 할머니에게 보냈다.

안도 다다오는 산업 연계형 교육을 추구하는 오사카 조토 공업고등학교 기계과를 졸업하고, 권투선수와 트럭 운전과 목수, 잡일 등을 전전하며 생활했다. 그런 과정에서 유일한 취미이자 운동이던 권투에서 타고난 자질을 발견했으나 경쟁 선수의 시합을 보고 스스로 한계를 느껴 과감하게 권투를 포기했다.

24세에 운동을 그만두고 건설 현장에서 막노동으로 생활하던 그는 헌책방에서 우연히 근대 건축 3대 거장° 중 한 사람인 르코르뷔지에의 책을 보고 건축에 관심이 생겼다. 이후 건축가라는 꿈이 이루기 위해 독학으로 건축을 익히기 시작했다. 전문적인 건축 교육을 받지 못했으나 타고난 예술성과 도전 정신으로 서서히 실력을 인정받았고, 폭넓은 건축 세계를 경험하기 위해 일본 교토와 나라를 거쳐, 유럽까지 발길을 넓힌다.

○ 최초로 현대식 아파트 주거 공간을 설계한 스위스 태생의 프랑스 건축가 르코르뷔지에(Le Corbusier), 낙수장을 설계한 미국의 자존심 프랭크 로이드 라이트(Frank Lloyd Wright), 판스워스 주택을 설계한 독일 태생 미스 반 데어 로에(Mies Van der Rohe)가 그들이다.

안도 다다오가 유럽을 방문한 이유는 건축가 르코르뷔지에에 대한 존경심과 건축에 대한 애정이었다. 그러나 그가 존경하여 찾아간 르코르뷔지에는 이미 사망한 후여서 만날 수 없었다.

안도 다다오는 1962년부터 1969년까지 장식적 미학을 배격하고 순수한 기능을 추구한 모더니즘의 선구자인 오스트리아 건축가 아돌프 로스 Adolf Loos, 핀란드 국민이 사랑한 유럽 모더니즘의 대표적 건축가 알바 알토 Alvar Aalto 등 건축 거장의 작품들을 경험했다. 이후 이탈리아, 그리스 등지의 신전 같은 과거 건축물을 찾기도 하고, 자신만의 건축 철학을 정립하기 시작했다. 유럽에서 경험한 다양한 건축 양식과 젊은 시절부터 현장에서 익힌 건축 경험을 기반으로 그는 노출콘크리트를 연구하며 서서히 독창적인 성과물을 만들어 냈다.

이후 '미니멀리즘의 최고 건축가'로 불리며, 전 세계를 대상으로 그의 건축 철학과 다양한 건축 작품을 선보였다. 그가 설계한 작품들은 종류와 용도가 다양할 뿐 아니라 국가와 지역을 구분하지 않고 많은 곳에 포진해 있다. 그 눈부신 흔적들은 다양한 수상 실적으로도 연결된다. 오사카에 처음 설계한 스미요시 주택[1976]으로 일본 건축학회상을 수상했으며, 해외에서 처음 받은 상은 핀란드 건축가협회가 수여하는 알바 알토 메달[1985]이었다. 이후로도 프랑스 건축 아카데미상[1989], AIA 명예 회원[1991], 칼스버그 건축상[1992]°을 수상했다. 두 차례[1993, 1997]에 걸쳐 RIBA 로열 금메달을 받았고, 1995년에는 프리츠커 건축상을 수상했다. 2002년에는 미국 건축가협회가 수여하는 금메달, 2005년 국제 건축가 연합[UIA] 금메달과 레지옹 도뇌르 훈장[2021]까지 수상했다.

안도 다다오는 셀 수 없을 정도로 많은 설계를 통해 찬사와 존경을 받았으며, 지금도 현업 건축가로 활동하고 있다. 그는 대학교에서 건축에 관한 정규 교육을 받지 않았음에도 예일 대학교[1987], 컬럼비아 대학교[1988], 하버드 대학교[1990] 등에서 객원교수를 역임했으며, 일본 도쿄 대학[1997~2003]에서도 학생을 가르쳤다.

○ Carlsberg Arcitekturpris, 1991년 덴마크 뉴 칼스버그 재단이 설립한 건축상으로, 지속 가능한 건축 설계의 우수성을 인정하기 위해 수여한다.

노출콘크리트의 대가

대한민국 국민에게 유명한 일본인 건축가를 뽑으라면, 건축가 이타미 준^{유동룡}과 안도 다다오를 얘기할 것이다. 특히 우리가 안도 다다오를 사랑하는 이유는 가난한 가정에서 태어나 전문적인 교육을 받지 못했지만, 타고난 예술성과 끝없는 도전 정신으로 스스로 인정받았기 때문일 것이다.

그의 나이 28세이던 1969년, 안도 다다오는 오사카에 안도 다다오 건축 연구소 Tadao Ando Architects & Associates를 설립하고 도미시마 주택[1973] 설계를 시작으로 건축가의 길로 본격적으로 들어선다. 이 설계안은 안도 다다오가 노출콘크리트와 빛을 다루는 건축 철학을 추구하는 밑거름이 되었기에 그에게 엄청난 의미가 있으며, 그를 알고 있는 사람들은 이 설계가 없었다면 '빛의 교회'는 나오지 않았을 것이라고 한다.

그를 본격적으로 알린 작품은 1979년 설계한 스미요시 주택 프로젝트로, 전 세계에 본격적으로 노출콘크리트 대중화를 선언한 결정적인 설계안이었다. 이후로 안도 다다오와 노출콘크리트는 서로의 상징적인 이미지가 되었다.

1. 일본 오사카 스미요시 주택 2. 일본 삿포로 물의 교회 3, 4. 일본 오사카 빛의 교회

안도 다다오는 종교가 없지만, 다양한 종교 건축물을 독창적인 감성으로 설계해 종교인과 일반인에게 엄청난 감동을 선사했다. 대표적인 프로젝트로 물의 교회[1988, 홋카이도], 빛의 교회[1989, 오사카], 물의 절[1991, 효고] 등이 있으며, 짧은 시간에 연속해서 설계를 진행했다. 특히 빛의 교회는 내부 공간에 커다란 십자형 창으로 외부 빛을 끌어와 엄숙함과 신비로움을 선사한 감동적인 설계안이다.

안도 다다오는 다양한 지역에 전시관 설계도 진행했다. 대표적으로는 이탈리아 베네통 연구센터 파브리카[1989]가 있고, 1994년에만 미국 포트워스 현대미술관, 일본 오사카 산토리 박물관과 가고시마 대학 이나모리 회관, 오카

야마 나리와 미술관 등을 설계했다. 특히 같은 해에 건립된 지카쓰 아스카 역사박물관은 자연과 예술이 조화를 이룬 설계안이다.

안도 다다오는 공동주택 설계에도 관심을 보이며, 고베 로코 하우징 시리즈[1993]로 명성을 이어 갔다. 또 버려진 섬을 재해석해 살려 낸 나오시마 지추 미술관[2004]은 클로드 모네 등의 작품을 전시하고 있어 오늘날 여행지로 각광받고 있다. 중국 상하이 자딩 신도시에 위치한 폴리 그랜드 극장[2014]은 독창적이고 상징적인 외형이 아름다운 건물로 알려져 있다.

안도 다다오는 우리나라 제주에서도 다양한 프로젝트

1. 일본 오사카
   지카쓰 아스카 역사박물관

2. 일본 나오시마
   지추 미술관

를 수행했으며, 유리와 노출콘크리트라는 건축 자재를 활용해 가장 자연과 어울리며 간결한 설계안을 제안해 제주도를 건축과 하나로 만들었다.

제주도에 처음 설계한 글라스 하우스[2008]는 브이ⱽ 모양의 거대한 건축물로, 섭지 코지 내 휘닉스 리조트에 있다. 바다를 향해 큰 날개 펼친 모양으로, 제주도의 푸른 하늘과 바람과 빛, 자연을 모두 체감할 수 있는 건축물이다. 글라스 하우스에서는 안도 다다오만의 독특한 노출콘크리트와 제주 특유의 현무암, 아름다운 주변 환경을 만끽할 수 있다.

제주도 서귀포에도 본태박물관[2012]과 유민 아르누보 뮤지엄[2017]을 설계했다. '본태'는 '본래의 형태'를 줄인 말로, 한라산 중턱에 자리한 아름다운 건축 공간이다. 제주도의 지형 차이를 가장 조화롭게 활용했으며, 한국의 전통적인 아름다움을 재해석해 기와 담장 및 골목길을 그의 감성으로 표현했다. 이곳에서는 한국 전통 공예품 및 다양한 작품을 만나볼 수 있다.

안도 다다오의 작품은 대한민국 내륙에도 다양하게 분포한다. 일반인에게 잘 알려지지 않은 프로젝트로는 경기

제주도 본태박물관

제주도 글라스 하우스

도 가평 한화인재경영원[2008]이 있는데, 독창적인 설계로 그가 추구하는 건축의 무게감을 느끼게 한다. 이 건축물은 일상을 벗어나 안락하게 교육을 받을 수 있도록 조성되어 있으며, 주변 자연환경과 아름다운 조화를 이룬다. 특히 안도 다다오는 주변 자연의 지형 차이를 극복하고 다양한 레벨을 활용해 설계했으며, 자연환경 요소를 내부 공간으로 끌어들이는 다양한 건축적 시도를 했다. 이 외에도 경기도 여주 페럼[Ferrum] 클럽하우스, 여주 마음의 교회[2015] 등도 안도 다다오의 숨은 프로젝트이다.

강원도 원주 구룡산 약 2만 2천 평 부지 내에 위치한 뮤지엄 산[Museum SAN, 2013]은 오크밸리 리조트 내부에 개관한 미술관이다. 원래 한솔그룹의 종이박물관이었으나, 이를 확장하고 미술관을 통합하면서 명칭을 '산'으로 변경하였다. 산은 Space[공간], Art[예술], Nature[자연]의 머리글자로, '자연과 예술이 함께한 건축물'이라는 의미이며, 도시의 번잡스러움에서 벗어나 아름다운 산과 자연의 편안함을 느낄 수 있도록 설계되었다. 뮤지엄 산 단지 내에는 웰컴 센터와 플라워 가든, 본관과 명상관이 자연스럽게 연결되어 관람하는 동안 자연과 사람이 하나가 될 수 있다.

JEI 문화재단의 복합 문화공간인 혜화동 JCC ^(Jaeneung Culture Center) 아트센터와 크리에이티브센터는 전통과 현대적 조화가 이루어진 외관이 노출콘크리트로 시공되었다. 2개의 건축물은 조금 떨어져 건립되었으나 기능적으로 서로 연결된다. 안도 다다오는 이 건축물의 설계를 위해 혜화동 골목길을 수시로 오가며, 길이라는 설계 개념을 통해 공간과 시설을 연결했고, 콘크리트 질감으로 차가움과 따뜻한 감성을 동시에 느낄 수 있게 하였다.

LG아트센터 서울

LG아트센터 서울이 건립된 마곡 지구는 서울특별시 강서구 마곡동과 가양동 일대의 부지를 말한다. 서울에 남은 마지막 대규모 부지였기에, 서울시는 이곳을 첨단 지식 산업 단지 및 주택 단지와 공원으로 조성하기 위해 마곡 도시개발사업을 계획했다. 또 대규모 복합센터로 운영되던 COEX와 SETEC, aT센터 등과 같은 전문 시설들의 수용 용량이 한계에 접근하면서 새로운 전시장과 문화관이 건립될지도 관심 대상이었다.

그러던 차에 LG그룹과 서울시가 마곡 지구에 LG사이

언스파크 ᴸᴳ Sciencepark, LG 그룹의 국내 최대 규모 첨단 용복합 연구 개발 허브를 조성하면서, 공공기여° 시설로 아트센터를 건립하게 되었다. 2000년 서울 강남구에 건립된 이후 20년 넘게 450만 명 이상의 관객을 동원한 LG아트센터는 2022년 10월에 마곡 지구로 이전했다. 그리고 이를 계기로 LG 브랜드를 계승하면서도 공공성을 강조하기를 위해 'LG아트센터 서울'로 이름을 변경했다.

LG아트센터 서울은 안도 다다오 ᵍᵗᵘᵗ 협업가 마곡의 교통 인프라를 꼼꼼하게 검토하여 구조적 공간감을 프로젝트에 반영한 설계안이다. 마곡 서울식물원 내 9,800㎡ ²,⁹⁶⁵평 부지에 지하 3층~지상 4층 규모로 지어졌으며, 연면적 4만 1,631㎡ ¹²,⁶⁰⁰평에 달한다. 기존에 운영하던 역삼 LG아트센터의 2배 이상 면적이다.

안도 다다오는 LG아트센터 서울 설계를 진행하며 '건축물의 미려한 아름다움을 간직하고 지속성 있는 건축물로 완성'될 수 있도록 고민했다. 내외부 전체를 노출콘크

○ 지방 자치 단체가 개발 과정에서 토지 용도 변경이나 용적률 상향 조정 등 각종 규제를 완화해 주는 대신 기반 시설 부지나 설치 비용을 사업자로부터 받는 것을 말한다.

리트 질감으로 표현하였고, 예술과 과학, 자연과 시민이 교류하고, 다양한 문화가 공존할 수 있게 했다. 이러한 노력으로 LG아트센터는 2023년에 서울특별시 건축상 대상을 수상했다.

LG아트센터 서울의 핵심 설계 개념은 스텝 아트리움, 튜브, 게이트 아크이다. 첫 번째 스텝 아트리움 Step Atrium 은 지하철 인프라를 적절하게 활용한 사례이다. 지하 2층에 있는 지하철 9호선 마곡나루역부터 LG아트센터 지상 1층, 3층까지 100m 길이의 계단으로 동선을 연결해 진입을 쉽게 했다. 진입 공간 지상 1층 천장에 설치된 〈매도우 Meadow〉는 네덜란드 스튜디오 드리프트 Studio Drift 의 작품으로 관람객 출입을 환영하듯 화려한 꽃이 피어오르는 움직임을 보여 준다.

튜브 Tube 는 지상층을 연결하는 타원형 기다란 통로 공간이다. 내부 구조와 인테리어 마감이 인상적이며, 특히 내부의 울림은 관람자에게 재미와 즐거움을 선사한다. 튜브를 통해 서울식물원과 LG사이언스파크, LG아트센터가 연결되어 있으며, 옥상 공간은 루프 테라스와 가든이 연계되어 주변의 풍부한 자연환경과 조화를 이루며 다양한

1, 2. 지하 연결 출입구와 천장 설치물 3. 튜브 내부 공간 4. 게이트 아크

야외 프로그램을 즐길 수 있도록 했다.

1층 로비에서 바라보는 노출된 초대형 콘크리트 벽면 게이트 아크 Gate Arc 는 LG아트센터 서울에서 가장 상징적인 이미지를 보여 주는 벽 공간으로, 길이 80m, 높이 20m의 아름다운 곡선과 경사진 원형 벽체가 보는 이에게 웅장함을 선사한다. 이 공간을 지나가면 도달하는 LG시그니처 SIGNATURE 홀은 다목적 공연장으로, 기존 역삼동보다 2.5배 크다. 오페라와 콘서트를 위한 음향 환경을 갖추었으며, 총 3층 규모, 1,335석을 수용한다. 또 다른 공간 U+스테이지는 공연에 따라 무대와 객석을 자유롭게 배치할 수 있는 365석 규모의 공연장 2개로 구성된다.

건축가 안도 다다오와 노출콘크리트는 한 몸과 같다. 그러나 일반인이 선호하는 노출콘크리트는 오랜 공사 기간과 전문성으로 요구되는 시공 방식으로, 철저한 계획과 숙련된 전문 기술자가 필요하다. LG아트센터 서울에서 시공이 가장 어려웠던 곳은 1층 로비의 반원 형태 노출콘크리트 천장과 15도 기울어진 게이트 아크 벽체였다. 이 부위는 하나의 벽체와 천장에 불과하지만, 설계도면과 같이 구현하려면 철저한 사전 검토와 시공 시 발생할 상황

1. 옥상 루프탑 2. 내부 노출콘크리트 계단 3. 게이트 아크 벽체

에 대한 다양한 대응 방안이 필요했다. 시공사는 3D 비정형 거푸집을 통해 게이트 아크와 튜브 부위의 자연스러운 선과 입체적인 벽체, 규칙적인 노출콘크리트 콘 구멍의 흐름을 더욱 돋보이게 할 수 있었다.

한편 LG아트센터 서울의 옥상정원은 주변 경관을 감상할 수 있도록 넓은 잔디 마당으로 비워서 시공했으며, 공간의 비움을 통해 여유를 보여 준다. 바닥에는 마감과 표현을 달리한 석재와 식재로 보도와 녹지의 경계를 구성했으며, 잔디와 지피 식물, 관목 등 다층 식재와 아름다운 벤치는 여유를 느끼기에 충분하다.

LG아트센터 서울은 설계부터 준공까지 6년 4개월, 순수 공사 비용만 2,500억 원이 소요되었으며, 2022년 10월 개관하였다.

건축물 소개

LG아트센터 서울
안도 다다오

건축가 소개

이름	안도 다다오(Ando Tadao)
출생	1941년, 일본
대표 작품	오사카 스미요시 주택(1979), 물의교회(1988), 빛의교회(1989)
국내 작품	JCC 아트센터, 제주도 글라스 하우스, 본태박물관, 원주 뮤지엄 산
수상 경력	프리츠커상(1995), RIBA 로열 금메달(1997), AIA 금메달(2002)

건축 개요

이름	LG아트센터 서울
주소	서울특별시 강서구 마곡중앙로 136
소유주	LG연암문화재단
용도	공연장
설계 사무소	간삼종합건축사사무소
시공사	GS건설
외부 마감	노출콘크리트

운영 안내

관람 시간	10:00~23:00
입장료	무료
연락처	1661-0017

대중교통

지하철	마곡나루(9) 3번 출구
간선버스	N64
지선버스	6642, 6645, 6648

코오롱 원앤온리타워

톰 메인

현재 마곡 지구 내에서 가장 감동적이고 상징적인 구조물은 서울식물원과 마주 보고 있는 코오롱 그룹의 신사옥 원앤온리 One & Only 타워이다.

코오롱 그룹은 서울에 남은 마지막 금싸라기 땅, 마곡 지구에 가장 먼저 첫 삽을 뜬 기업 중 하나이다. 이곳에 신사옥을 건립해 연구 개발 사업을 과감하게 이전하였고, 회사의 운영을 위한 기준을 새롭게 구상했다. 원앤온리타워는 흩어져 있던 코오롱의 여러 연구소를 하나로 통합하고, 사무 및 연구, 특수 연구, 부대시설 등 각기 다른 기능의 동선을 합리적으로 계획했다. 기능별로 공간을 분리하여 업무의 효율성이 증대될 수 있도록 하되, 다양한 분야의 사람들이 만나고 소통할 수 있는 통합된 공용 공간을 계획했다. 또 에너지 절감과 신재생 에너지 사용을 적극적으로 계획하여 반영했다.

건축가 톰 메인은 원앤온리타워 설계를 통해 코오롱이 개발한 첨단 소재 패턴을 건축 외형 디자인으로 형상화하여 기업을 상징하는 핵심 기술을 전면에서 알렸다. 이 파격적인 디자인으로 마곡의 메인 뷰 View 를 서울식물원과 다른 건물에 빼앗기지 않고, 가장 패션적인 건축물의 모습을 자랑한다. 섬유 모양의 파사드 구조는 건물 안에서 공원을 조망할 때 개방감을 주는 동시에 지나친 태양광을 차단하는 효과를 주며, 건물 내 추위와 무더위를 막아 주는 큰 나무와 같은 상징성을 보여 준다. 원앤온리타워는 기업 이미지를 강화하여 기업의 가치를 높이고 삶의 질을 향상하는 디자인과 패턴으로 두 마리 토끼를 한 번에 잡은 듯하다.

건축가 톰 메인은 한국에서 다양하고 실험적인 설계안을 제안했는데, 프로젝트에 대한 사랑이 대단했다. 서대문구 대현동 쥬라기 타워[1997]와 세종 엠브릿지[2017] 설계 당시, 그는 서울과 세종시를 여러 차례 방문하며 한국 문화와 정서를 이해하고 애착을 갖게 됐다고 한다. 특히 엠브릿지 건축물은 2,500억이라는 엄청난 공사비가 소요되었으나, 당시 코로나-19가 전 세계를 강타하고 세종시 중심 상권이 채 형성되기 전이어서, 준공 후 헐값에 팔리는 비운을 맞이했다.

톰 메인

톰 메인[Thom Mayne]은 1944년 미국 코네티컷주 워터베리에서 출생했으며, 1968년 미국 서던캘리포니아 대학교 건축과를 졸업했다.

1972년, 톰 메인은 평소 건축에 관해 같이 고민하던 학생과 교육자 등 지인들과 협력하여 건축 전문대학 싸이아크 Southern California Institute of Architecture, SCI-Arc 를 설립했다.

그리고 같은 해에 톰 메인은 짐 스태포드 Jim Stafford 와 함께 모포시스 Morphosis 건축 설계사무소도 설립한다. 톰 메인은 모포시스에서 독창적 건축 디자인, 재료와 형태를 뛰어넘는 파격적이고 다양한 시도를 하면서 궁극적으로는 모더니즘과 포스트모더니즘의 한계를 초월하는 설계를 구축하기 위해 점차 영역을 넓혔다. 1975년에는 마이클 로톤디 Michael Rotondi 가 합류했으며, 사회적 양심 의식과 건축 교육의 활성화를 주장하며 세계 곳곳의 설계에 전념했다. 미국 건축학계 '명예의 전당'에 이름이 올라간 한국계 미국인 건축가 박기서 1932~2013 도 모포시스에 합류해 건축과 도시 계획 업무를 겸임하여 도시 계획에까지 설계 역량을 넓혔다. 톰 메인은 1978년부터 하버드 대학교 대학원에서 '사회적 의제와 도시 계획 디자인'을 연구하며 본격적으로 모포시스의 실질적인 대표가 되었다.

모포시스는 건축 및 도시 계획, 제품 디자인 관련 전문가로 구성되어 있는데, 이들 대다수는 혁신적 기술 개발 및 BIM 분야의 개척자로 인정받는다. 특히 첨단 건축 기술 분야와 고성능 건축, 조각과 같은 형태 구현 설계에 강점을 지녔다.

폭넓고 다양한 건축 활동으로 톰 메인은 2005년 프리츠커 건축상을 수상하고, 2013년에는 AIA 금메달을 수상한다. 그 후 캘리포니아 주립대학교와 컬럼비아 대학교, 하버드 대학교, 예일 대학교, 네덜란드 최고의 명문 건축학교 베를라헤 인스티튜트, 런던 대학교 건축대학 등에서 건축을 가르쳤다. 지금도 UCLA 명예교수로 재직 중이며, 건축대학원에서 프랭크 게리와 함께 대학원생을 지도하고 있다.

첨단 건축가

톰 메인의 대표적인 작품에는 미국 캘리포니아주 포모나 다이아몬드 랜치 고등학교[1999], 캐나다 토론토 대학원 기숙사[2000], 미국 캘리포니아주 정부교통국 7지구 본부[2004] 등이 있으며, 2006년에는 샌프란시스코 연방 빌딩과 신시내티 대학교, 오리건 웨인 라이먼 모스 미국 연방 법원을 설계하며 그의 이름을 전 세계에 알렸다. 특히 결정적인 작품은 쿠퍼 유니언[2009]과 코넬 대학교 내 게이트스 홀[2014]이며, 최근에도 베이루트 미국 대사관과 외교 단지를 설계했다.

또 세계 각국에 스마트 시티를 계획하고 있는데, 사우디아라비아가 건립 중인 더 라인 The Line 도 그중 하나이다. 700조가 투입되는 거대한 미래 도시 건축물로, 길이 170km, 너비 200m, 높이 500m에 달하는 메가 프로젝트 도시 구조물이며, 향후 사우디아라비아를 책임질 대형 사업이다.

캐나다 토론토에 있는 토론토 대학원 기숙사[2000]는 지상 10층 규모, 435명을 수용할 수 있는 대학원 전용 기숙사 건축물로, 기숙사와 지하 주차장, 자전거 보관소, 세탁실, 휴게실, 파티장, 야외 영화관 등 학생을 위한 다양한 편의 시설을 갖춘 복합공간이다. 지속 가능한 설계로 유명한 캐나다 티플 아키텍츠 Teeple Architects와 협업하여 설계했다. 이 프로젝트의 특징은 공장에서 사전 제작한 프리캐스트 콘크리트와 알루미늄 구조물, 타공打孔판과 강철로

캐나다 토론토 대학원 기숙사

이루어진 파격적인 형태의 입면이다. 2층 높이의 거대한 수평 통로 구조물과 유리 세라믹 위에 토론토 대학교라는 영문 글씨가 써 있어, 도심에서 랜드마크 역할을 한다. 이 특별한 건축물은 《죽기 전에 꼭 봐야 할 세계 건축 1001》에서 토론토에서 꼭 방문해야 할 건물 중 하나로 선정되기도 했다.

미국 로스앤젤레스 중심가에 있는 캘리포니아주 정부

교통국 7지구 본부 Caltrans District 7 Headquarters 는 톰 메인의 풍부한 감성과 건축 성향을 느낄 수 있는 설계안이다. 이 프로젝트는 프리츠커 건축상 2005, AIA LA 건축상 2005, IIDA 루멘 디자인상 2006 등을 받는 결정적인 계기가 되었다. 외부를 감싼 차갑고 간결한 메탈, 햇빛의 양에 따라 열리고 닫히도록 프로그래밍이 된 알루미늄판이 상징적이다. 이 시설은 주간에는 햇빛을 차단하고 밤에는 알루미늄판이 열리면서 지붕창에 화려한 LED 조명을 비춘다. 전체 13층 높이 규모, L자 형태이며, 1층에는 전시 갤러리와 대형 공공 예술을 위한 공용 공간이 있으며, 지하에는 엄청난 주차 공간을 확보하고 있다. 일반 대중에게 개방되어 누구나 방문할 수 있다.

쿠퍼 유니언 The Cooper Union for the Advancement of Science and Art 은 톰 메인을 전 세계에 알린 작품으로, 스스로에게도 가장 자랑스러운 설계안이자 상징적인 프로젝트이다. 미국 최초

○ 이 책에서 마크 어빙은 우리나라 건축물도 선정했다. 종묘(1395), 부석사 무량수전(1377), 경북 안동 양반 가옥 임청각(1515), 건축가 우경국이 설계한 경기도 파주 헤이리 갤러리 MOA(2004), 세지마 가즈요&니시자와 류에 부부가 설계한 파주 들녘출판사(2005) 사옥 등이 포함되었다. 북한 건축물로는 평양 류경 호텔(미완성), 능라도 스타디움(1989)이 올라가 있다.

1. 미국 캘리포니아주 정부교통국 7지구 본부
2. 뉴욕 쿠퍼 유니언

의 증기 기관차를 만든 피터 쿠퍼의 기부로 1859년 설립된 쿠퍼 유니언 대학은 뉴욕 맨해튼 중심가 이스트 빌리지에 있으며, '여성을 최초로 받아들인 대학교'이다. 전교생이 1천 명 미만인 작은 학교지만, 2014년까지 모든 학부생에게 장학금을 지원했으며, 모든 사람에게 평등하게 제공하는 교육을 만들기 위해 최선을 다하고 있다. 쿠퍼 유니언은 건축 Architecture, 예술 Fine art, 공학 Engineering 을 전문으로 하며, 실험적 교육, 동료와의 협업 문화를 중심으로 운영된다. 이 건축물은 연면적 1만 6,300㎡ 5천 평, 지하 2층, 지상 9층 규모로, 전체가 교실과 갤러리, 강당으로 구성되어 있다. 쿠퍼 유니언은 2004년 현상 설계 공모를 실시했고, 150개의 공모안 중 모포시스를 최종 선정했다. 본격적으로 세부 설계를 완료하고 2006년에 공사를 시작해 3년에 걸쳐 준공했다. 건축물 전면에 있는 빈 공간은 내부에 자연 빛을 유입하고 공기 흐름을 개선하는 통로 역할을 한다. 입면의 빈 공간을 이용해 내부로 자연스러운 채광이 들도록 하는 것은 톰 메인의 특징으로, 코오롱 원앤온리타워에서도 비슷한 입면 DNA를 느낄 수 있다. 외부는 미래 지향적인 스테인리스 스틸 패널과 노출콘크리트를

쥬라기 타워 전경과 출입구 조형물

사용했으며, 미국 친환경건축물인증제도 LEED 최고 등급인 플래티넘 Platinum 을 획득한 건축물이다. 이를 위해 1,200억 원의 건축 비용을 지출했다.

서울 서대문구 대현동 쥬라기 타워 구 Sun Tower 는 톰 메인이 대한민국에 처음 설계한 프로젝트이다. 하지만 이 사실을 알고 있는 사람은 많지 않다. 이 건축물은 지상 10층, 지하 2층 규모의 복합건물로, 패션 의류 회사를 경영하는 건축주의 요구로 건립됐다. 의류를 접는 형태를 표현한 더블 스킨 형태가 특징이다. 1997년 설계한 작품이며, 미국 쿠퍼 유니언[2008]의 초기 시험 설계 작품으로 평가되는데, 실제로 입면 파사드와 외피 구조가 유사하다.

톰 메인은 LG전자 전시 룸 조명을 제안할 정도로 디자인에 대한 애착이 컸으며, 2023년 4월 모포시스 창립 50주년을 맞이하여 서울 성수동에 모포시스 전시 부스를 별도로 오픈하고, 그들이 설계한 계획안 및 설계 과정과 디자인 요소의 발전 과정을 공개하기도 했다.

원앤온리타워

원앤온리타워는 마곡 중심에 있으며, 마곡 산업 단지 계획안을 가장 먼저 접촉하고 최초로 완공된 건축물이라는 상징적 의미가 있다. 부지 주변에는 서울식물원 등 친환경 생태공원이 자리하고, 자연과 연계된 조망과 접근성이 우수하다. 근처 인접한 건축물들은 녹지를 가리지 않고 도시 전체의 흐름에 맞추어 분절하였고, 각 건물 사이로 시야가 확보되도록 했다. 주변 경관을 관통하는 보행 친화 길은 녹지와 어우러지게 계획했으며, 건물 서쪽에 풍부한 녹지 및 공개 공지를 제공해 식물원이 연장되는 효과를 고려했다.

톰 메인이 설계^{해안건축 협업}한 원앤온리타워는 비정형 건축이자 혁신적인 첨단 건축물로, 대지면적 1만 8,484㎡^{5,600평}, 연면적 7만 6,300㎡, 지하 4층, 지상 8층 규모이다. 연구동과 지상 10층 사무동, 특수 연구를 위한 실험동까지 총 세 개 동으로 구성되었다. 2013년 처음 설계를 시작하여 2015년 처음 첫 삽을 뜨고, 30개월간 공사해 2018년 4월에 완공하였다. 시공은 계열사인 코오롱글로벌에서 진행했다.

원앤온리타워의 가장 큰 특징은 각각 기능을 고려하고, 교류를 통해 공용 공간이 활성화되도록 설계한 것이다. 독창적인 외부 마감은 코오롱의 모태 산업인 섬유를 상징화한 것으로, 입면 파사드에 섬유 패턴을 디자인 요소로 활용하였다. 이를 위해 알루미늄 시트와 코오롱이 개발한 첨단 소재인 유리 섬유 강화 플라스틱^{GFRP}을 사용했으며, 재료 자체의 물성을 이용하여 450개의 독특한 직조 무늬 패턴을 표현하였다. 마치 섬유를 확대한 것처럼 보이는 외형은 태양 빛을 조절하고, 사계절 개방감과 조망을 확보하는 친환경 이중 외피 차양 시스템 역할을 한다.

건물 로비 벽체와 상층부의 파라메트릭 Parametric 패턴은 오픈된 로비에 변화를 주는 핵심 오브제로 기능한다. 계단 상부의 구조 패널은 직사광선을 막아 주며, 소음을 방지하는 흡음 재질로 계획하였다. 그리고 패턴 하나하나의 하중을 지지하기 위해 별도의 보강 조치를 하였다.

원앤온리타워에 근무하는 사내 직원과 건물을 찾는 방문객이 가장 만족스러워하는 공간은 1층 로비와 건물 천장까지 탁 트인 빈 Void 공간이다. 자연스러운 채광과 적절한 인공 조명, 건축물의 향까지 계획한 이 공용 공간은 모든 사람에게 개방감과 황홀한 공간감을 느끼게 한다.

그랜드 스테어 Grand Stair 는 코오롱의 기업 문화를 담아 재해석한 대표적인 장소이다. 건물 중앙부에서 2층부터 6층까지 이어지며, 사옥의 중심을 가로지르는 계단이다. 소통을 촉진하는 상징적인 장소로, 건물 내 모든 층과 자연스럽게 연결되는 동선 축의 중심 역할을 한다.

이 외에도 연구동과 사무동 곳곳에 가든 카페와 미팅을 위한 다양한 공간을 조성했다.

현재 코오롱 원앤온리타워는 본사 직원과 일부 계열사가 사용 중이다. 이 공간에서는 코오롱에서 개발 중인 친

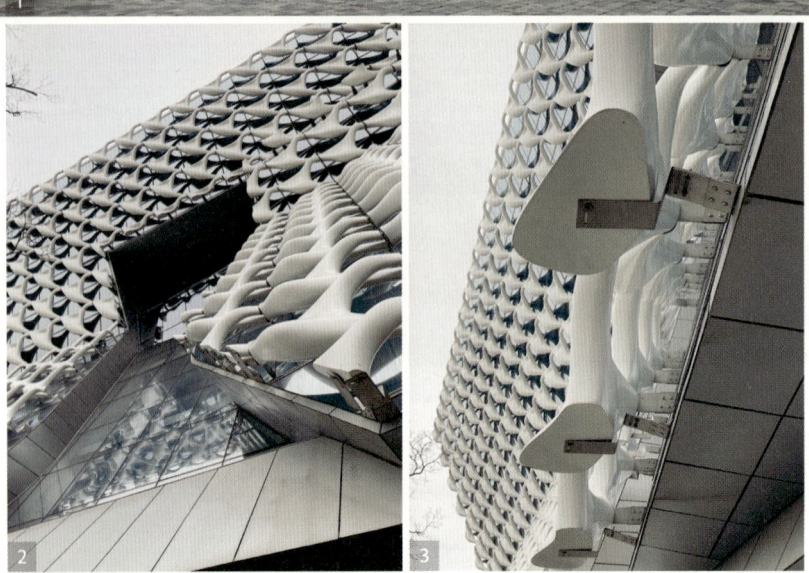

1. 코오롱 원앤온리타워 전경 2, 3. 외형 파라메트릭 패턴과 패널 시공 디테일 4, 5. 1층 로비 내부
6, 7. 1층 외부 시공

환경 자재 및 패브릭 소재를 사용하고, 다양한 신재생 에너지 시스템을 도입해 건물 전체가 친환경의 장으로 구현되는 것을 목표로 한다. 이러한 덕분인지 2018년 서울시 건축대상 최우수상, 한국건축문화대상 우수상을 수상했다. 또 국내 최초로 미국 친환경건축물인증제도^{LEED} 골드 등급을 획득했으며, 2020년에는 세계적 권위의 국제건축대상°에서도 수상했다.

○ International Architecture Awards, 미국 시카고 아테네움(Athenaeum) 건축 디자인 박물관과 유럽 건축, 예술, 디자인 및 도시 연구 센터가 주관하는 상으로, 최근 지어진 세계 유명 건축물과 건축가를 대상으로 수상작을 선정한다.

건축물 소개

코오롱 원앤온리타워
톰 메인

건축가 소개

이름	톰 메인(Thom Mayne)
출생	1944년, 미국
소속	모포시스(대표)
대표 작품	쿠퍼 유니언(2006), 캘리포니아주 정부교통국 7지구 본부(2008)
국내 작품	쥬라기 타워(1997), 코오롱 원앤온리타워(2018), 세종 엠브릿지(2019)
수상 경력	프리츠커상(2005), AIA 금메달(2013)

건축 개요

이름	코오롱 원앤온리타워
주소	서울특별시 강서구 마곡동로 110
소유주	코오롱그룹
용도	교육 연구 시설
설계 사무소	해안건축사사무소
시공사	코오롱글로벌
외부 마감	커튼 월, 더블 스킨, GFRP

운영 안내

관람 시간	09:00~21:00
입장료	무료
연락처	02-3677-5815

대중교통

지하철	마곡나루(9) 4번 출구
지선버스	6642, 6645, 6648, 6712

(방문 추천 코스)

삼성동, 잠실역

상징성　　작품성 ⭐　　건축가 ⭐　　접근성

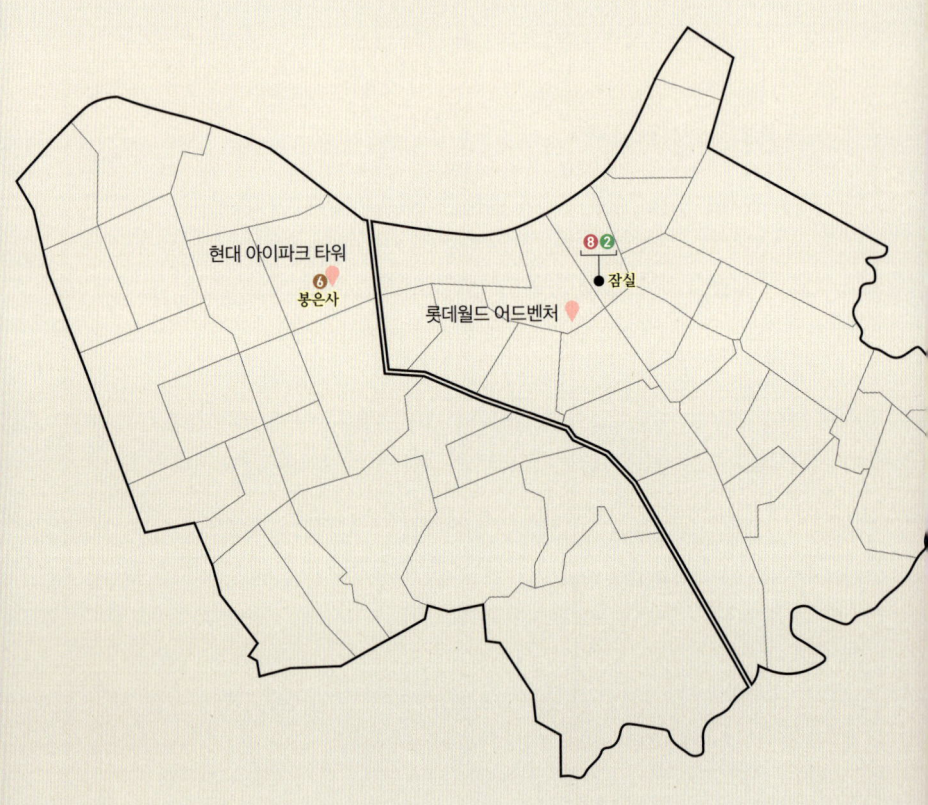

① 현대 아이파크 타워 다니엘 리베스킨트　② 롯데월드 어드벤처 구로카와 기쇼

삼성역과 잠실역은 서울의 핵심 교통 요충지이자 글로벌 문화 콘텐츠를 대표하는 관광 지역이다.

먼저 삼성역은 무역센터^{KITA}와 파르나스 타워, 아셈 타워, 코엑스^{COEX}, 그랜드 인터컨티넨탈 호텔, 현대백화점^{무역센터점}, 코엑스 몰이 모여 있는 만남의 장소이다. 삼성역 주변에서 가장 눈에 띄는 것은 베를린 유대인 박물관을 설계한 건축가이자 해체주의 건축의 거장 **다니엘 리베스킨트**의 현대 아이파크$^{I-Park}$ 타워이다. 독특한 곡선미와 미래 지향적인 철학을 반영해, 순수한 오피스 건물의 개념을 넘어 기업의 정체성과 브랜드의 철학을 건축물 외부에 반영시킨 작품이다. 현대 아이파크 타워의 혁신적인 탄젠트 파사드와 함께 천년 고찰 봉은사의 장엄함을 5분 거리에서 감상할 수 있는 곳이 바로 삼성역이다.

잠실역에는 롯데월드 어드벤처 주변으로 동양 최고 높이인 123층의 롯데타워와 롯데 매직 아일랜드, 석촌호수, 한강 수변공원이 있다. 특히 롯데월드 어드벤처는 모듈러 건축의 창시자이자, 긴자 캡슐과 국립 신 미술관을 설계한 구로카와 기쇼의 작품이다. 이 건축물은 한때 세계 최대 규모의 실내 테마파크로 등재되었다. 도심 속의 테마파크 건립으로 '새로운 레저 문화의 장'을 창조한 건축물이라는 상징성이 있다.

현대 아이파크 타워

다니엘 리베스킨트

현대 아이파크 타워는 '국내 최초의 외장 디자인'이라는 사례를 남긴 상징적인 설계안이다. 건축가 다니엘 리베스킨트의 철학이 반영되었으며, 직선과 원이 교차하는 유기적 통합을 통해 기업의 혁신 이미지와 도시 브랜드를 강조한 건축물이다. 그 독특한 외형 덕분에 '탄젠트 The Tangent'라는 별명으로도 불리는데, 밝은 미래를 향해 끊임없이 변화하는 기술, 자연을 상징하는 원, 인간을 표현한 사각형이 서로 접하는 Tangent 모습을 건물 외관에 투영했기 때문이다. 또 정면 왼쪽에서 건물 측벽을 뚫고 들어가 건물 옥상을 관통한 거대한 창은 하늘로 치솟는 파괴적 힘을 상징한다. 이 건축물은 한때 '한국 최악의 현대 건축물 13위'에 오를 정도로 파격적인 작품이었으나, 2006년에는 강남구에서 '가장 아름다운 건축물'로 선정되었다.

다니엘 리베스킨트는 해체주의를 표방하는 건축가로, 가장 혁신적이고 파격적인 방법으로 기업의 가치를 높이고 자신의 가치를 전 세계에 알렸다. 한국에서는 이 상징적인 프로젝트 이후 부산 해운대 아이파크를 설계했는데, 역시 주변 환경과 조화를 이루는 독창적인 건물 형태와 패턴으로 해운대 아이파크는 부산의 랜드마크 중 하나로 자리매김하고 있다.

다니엘 리베스킨트

다니엘 리베스킨트 Daniel Libeskind 는 1946년 폴란드에서 섬유 생산으로 유명한 우치에서 태어났다. 유대인 생존자였던 그의 부모는 유대인의 역사의식과 문화적 정체성의 중요성을 그에게 강조했다. 이런 개인적인 배경은 9·11테러 이후 건립된 그라운드 제로 프로젝트와 베를린 유대인 박물관 설계에 큰 영향을 주었다.

다니엘 리베스킨트는 유년 시절을 폴란드에서 생활했으며, 열한 살이 되던 해인 1957년에 부모와 함께 이스라엘로 이주한다. 그는 어린 시절부터 음악적 재능이 남달라 여러 음악 경연 대회에서 수상했고, 그 결과 '미국-이스라엘 문화재단' 장학생으로 선정됐다. 그리고 1965년, 다니엘 리베스킨트와 가족은 미국으로 귀화한다.

그는 뉴욕 브롱크스 과학고등학교를 다니면서 음악이 아닌 그림의 매력에 빠졌고, 쿠퍼 유니언에 입학해서는 건축을 공부하게 된다. 쿠퍼 유니언은 뉴욕 맨해튼에 있는 명문 사립대학교로, 다니엘 리베스킨트는 이곳에서 현대 건축에서 가장 영향력이 있는 건축가 겸 해체주의 대표자 피터 아이젠만Peter Eisenman, 순백의 더글라스 하우스를 설계한 리처드 마이어Richard Meier 등에게 영향을 받으며 본격적으로 건축에 첫발을 내디딘다. 1968년 리처드 마이어의 건축 실습생으로 잠시 일했고, 1970년에는 건축 학위를 받는다. 그는 쿠퍼 유니언에서 건축 교육을 받는 동안 기존 건축 방식에서 벗어나 비대칭의 아름다움과 역동성을 강조하는 해체주의에 관심을 두고, 여러 건축가와 교류하였다.

이후 영국 남동부 콜체스터 에식스 대학에서 석사를 취득한 후, 그곳에서 건축 이론가와 교수로 활동하며 다양한 기관에서 직책을 맡기 시작한다. 또 1978년부터 1985년까지 7년간 미국 미시간주 블룸필드 힐스 크랜브룩 예술 아카데미에서 건축학부 학장을 역임하며 건축 철학과 이론적 토대를 구축한다.

1988년, 뉴욕 현대미술관에서 '해체주의 건축'이라는 전시회가 열렸는데, 다니엘 리베스킨트는 프랭크 게리, 피터 아이젠만, 자하 하디드, 렘 콜하스 등과 함께 7인의 해체주의 건축가 중 한 명으로 선정되었다.

대표적인 해체주의 건축가 반열에 오른 다니엘 리베스킨트는 다수의 혁신적이고 파격적인 건축물 설계를 진행한다. 1989년 독일 베를린에 다니엘 리베스킨트 스튜디오 Studio Daniel Libeskind, SDLA 를 설립하자마자 미술, 건축, 디자인 분야에 수여하는 히로시마 예술상 2021 을 건축가로는 처음 수상한다.

다니엘 리베스킨트의 첫 번째 설계는 독일의 예술가를 기리는 독일 펠릭스 누스바움 하우스 1998 이며, 그를 알린 대표적인 설계안은 독일 베를린 유대인 박물관 2001 이다. 2006년에는 캐나다 토론토 로열 온타리오 박물관과 미국 콜로라도 덴버 미술관을 설계했으며, 홍콩 런런쇼 크리에이티브 미디어센터 2010, 싱가포르 리플렉션 타워 2011, 캐나다 오타와 국립 홀로코스트 기념비 2017, 핀란드 노키아 아레나 2021 등을 진행하였다. 2002년에는 9·11테러로 무너진 세계무역센터 부지 그라운드 제로 재건축 설계 공모에서 우승했으며, 2023년 2월에는 독일 비영리 단체인 드레스덴 국제평화상 Friends of Dresden 이 수여하는 '영예의 건축가'로 선정되었다.

현재 그는 같은 건축가인 아내와 함께 열정적으로 설계 활동을 하며, 캘리포니아 대학교 객원교수로 있다.

해체주의 건축가

독일 오스나브뤼크에 있는 펠릭스 누스바움 하우스 Felix Nussbaum haus는 나치에 의해 아우슈비츠에서 사형당한 유대인 예술가 펠릭스 누스바움의 작품을 전시하는 공간이다. 이곳은 다니엘 리벤스킨트가 첫 번째 설계한 프로젝트로, 1998년에 완공되었다. 오크 oak 와 콘크리트, 금속재로 다르게 마감된 독립된 구조의 건축물 세 채가 연결되는 이야기를 보여 준다. 오크 건물은 전쟁의 기억과 상처, 차가운 콘크리트 건물은 나치를 피해 떠난 망명의 삶을 표현했으며, 금속 건물에는 최근에 새롭게 발견된 그림들을 전시했다.

베를린 유대인 박물관 Jewish Museum Berlin 은 2001년 설계한 작품으로, 홀로코스트를 경험한 그의 부모를 생각하며 설계한 대표적 작품이자 그를 본격적으로 세상에 알린 상징

○ 이 상을 받았던 대표적인 인물에는 개혁주의 소련 지도자 미하일 고르바초프, 르완다 집단학살을 고발한 사진작가 제임스 나흐트웨이 등이 있다.

독일 오스나브뤼크 펠릭스 누스바움 하우스

적인 설계이다. 포스트모더니즘 건축과 해체주의 건축이 서로 경쟁하던 1988년, 베를린 유대인 박물관 국제 설계 공모전에서 다니엘 리베스킨트 설계안이 당선되었다.

그가 42세였던 1989년, 베를린 장벽이 무너지는 과정을 지켜보면서 진행하기 시작해 1993년에 착공해 1999년 준공이 완료되었으나 바로 개관하지 못했고, 그로부터 2년 후인 2001년에 개관했다. 베를린 유대인 박물관은 밝은 외부 공간에서 차갑고 어두운 동굴로 들어가는 긴 복도 동선을 통해 아우슈비츠 수용소의 두려움과 공포감을 느낄 수 있다. 곳곳에 표현된 티타늄 외형은 무서웠던 당시를 표현하는 듯하며, 혼란스러운 지그재그 형태의 평면 구성과 소름 끼치는 칼자국 모양의 외부 창문이 유대인의 눈물겨운 경험을 보여 준다. 특히 건축 외형의 날카로운 상처 자국은 유대인이자 건축가였던 자신의 감정을 설계에 각인한 듯하다. 또 전시관 바닥에 표현한 엄청난 양의 얼굴 모양 철판들은 슬픈 유대인의 모습을 상징하는 듯하다. 유대인이 받은 학대와 슬픔, 고통을 다니엘 리베스킨트의 설계를 통해 그대로 느낄 수 있다.

다니엘 리베스킨트의 또 다른 프로젝트 원 월드 트레이드센터 One World Trade Center 마스터플랜은 9·11 테러로 무너진 뉴욕 쌍둥이 빌딩을 대체하는 기념공원 Memory Foundations 조성 사업이다. 다니엘 리베스킨트는 당시 비극을 분석하고 희망을 전달하고자 기존 세계무역센터 자리에 거대하고 상징적인 추모 공간을 설계하는 마스터플랜을 제안하며, 건축적으로 치유하고 미래를 향해 나아갈 수 있는 비전을 제시했다. 원 월드 트레이드센터 2014 중심 건축물°은

독일 베를린 유대인 박물관

데이비드 차일스^{SOM}가 맡았지만, 다니엘 리베스킨트는 부지 전체의 종합적인 디자인과 재건축을 총괄하였다.

다니엘 리베스킨트는 대한민국에서도 다양한 설계를 제안했다. 서울 현대 아이파크 타워 사옥 2005과 부산 해운대 아이파크 주상복합 2011, 서울 용산 국제업무지구 하모니 타워 2008 등을 제안한 바 있다. 해운대 아이파크 주상복합은 부산 해운대 우동에 위치한 건축물로, 아시아에서 가장 높은 주거 건축물이다. 높이 292m의 초고층 주거 타워, 호텔, 오피스 타워, 주거용 유닛 등을 혁신적으로 디자인 건원건축 협업 했다. 다니엘 리베스킨트는 이 건축물을 설계하며 파도의 곡선과 바람을 가득 먹은 배의 돛 모양으로 아름다움을 표현했다. 특히 건물의 입면 파사드가 주변 바다와 조화를 이루도록 진행했다. 하모니 타워는 용산 국제업무지구에 지상 262m, 46층 규모로 계획된 친

○ 새로운 세계무역센터 건축물 7개 건축 후보안 중 하나였으며, 2002년 8월에 최종 당선되었다. '프리덤 타워(Freedom tower)'로도 불리며 현재 미국 내에서 최고층 건축물로 알려졌다. 뉴욕 뉴저지 항만공사와 부동산 개발업자 래리 실버스타인, 치안 담당 기관 등의 협의 결과를 설계에 반영하여 2004년 7월에 초기 설계안을 변경하여 2013년 건축물을 완공했으며, 건축물의 높이는 미국 독립선언문이 선포된 1776년을 기념하는 1,776피트(약 541m)로 설정하는 상징성을 부여했다.

미국 뉴욕 그라운드 제로

환경 오피스 건축물이다. 한국 전통 등불을 디자인 모티브로 삼아 설계가 진행될 예정이며, 한강이라는 아름다운 환경과 조화를 이루는 혁신적인 입면으로 구성했다.

현대 아이파크 타워

현대 아이파크 I-Park 타워 사옥이 있는 서울 삼성동 주변은 삼성역 복합환승센터, 현대그룹 글로벌 비즈니스센터가 들어설 예정이며 무역센터와 공항 터미널, 아셈 타워 등이 자리한 상징적인 장소이다. 또 북쪽으로는 3분 정도만 걸어가면 서울 도심 속 사찰인 봉은사가 있다.

현대 아이파크 타워는 건축주 정몽규 회장의 사옥에 대한 각별한 애정과 관심으로 순조롭게 진행되었다. 건축주가 가지고 있던 경영에 대한 구상을 사옥에 표현하고자 다니엘 리베스킨트와 오랫동안 설계 협의를 진행했다. 특히 건축 외형에 하나하나 의미를 두고 기업의 비전을 표현하였으며, '협력과 소통을 중요시하는 기업 문화'라는 경영 철학이 담긴 건물을 만들고자 노력했다. 이에 다니엘 리베스킨트는 기술력을 직선의 추진력으로 표현하였고, 끊임없이 변하는 사회 발전과 자연을 상징하는 다양한 의견을 검토하여 최종적으로 외부 입면을 구성했다.

현대 아이파크 타워의 초기 설계 개념은 1997년 네덜란드 건축원 NAi에서 열린 자신의 건축전 Beyond the wall 26.36에서 처음 선보인 탄젠트 입면에 나타난 링과 창의 구성에서 비롯된 것으로, 추상미술 예술가 바실리 칸딘스키에게 영감을 받은 것이다. 다니엘 리베스킨트는 사옥 외벽에 다가오는 미래를 새로운 기술로 앞서겠다는 기업의 의지

현대 아이파크 타워 전경

와 목표를 표현했다. 맞은편 공공 광장에서 현대 아이파크 타워를 바라보면 직선과 변화하는 접선, 원의 상호 연결이 보는 사람들에게 강한 충격을 선사한다.

2004년에 준공된 현대 아이파크 타워는 대한민국 서울에 건립된 건축물 중 대표적인 해체주의 작품으로 평가받는다. 지하 4층, 지상 15층, 연면적 2만 6,400㎡ [8천 평] 규모로 크지 않은 건축물이지만, 도심 랜드마크로 2006년 강남구에서 가장 '아름다운 건축물'로 선정되었다.

다니엘 리베스킨트가 설계[하우드건축 협업]를 진행하며 특별하게 고민한 부분은 한 번만 봐도 기억에 남는 파격적인 입면, 붉은색 점과 선들로 이루어진 불규칙하고 독특한 외관으로, 해체주의 특유의 왜곡과 혼란을 일으키는 비대칭과 불확실성을 추구한다. '자연과 태양'을 의미하는 지름 62m의 거대한 원은 해체주의에 맞게 감각적인 스틸링[Ring]으로 표현하고, '첨단 기술과 진보'를 다양한 선으로 표현했다. 앞서 설명한 대로 기업의 철학을 시각화하여 건물 외부에 표현한 것이다. 또 다른 상징적인 실험은 정면 주 출입구의 파격적인 붉은색으로, 입면의 탄젠트와 함께 출입 공간을 더욱 강조한다. 측면의 벡터[Vector] 창은 끝없는 도전과 기원을 표현하는 이미지로, 강력한 상징성으로 현대 아이파크 타워를 삼성역의 랜드마크로 부각시켰다. 외벽을 관통하여 가로지르는 사선 구조물로 건축물의 정형화된 구성을 깨트리는 역동성이 표현되도록 강조했다.

공사를 진행한 시공사^{현대산업개발}는 설치 및 시공상 어려움으로 상징적인 벡터와 원의 규모를 축소하거나 삭제하려 했다. 그러나 다니엘 리베스킨트는 '기업이 추구하는 경영 철학과 기업의 발전을 의미하는 건축 요소'라며 원안을 고수하였다. 결국 건축물의 외벽을 먼저 시공하고, 상징적인 파사드를 이루는 장식물들을 후에 시공하는 일정으로 공사를 진행했다. 외부 유리는 24㎜ 두께의 복층 유리와 알루미늄 시트°로 마감했으며, 건물 정면의 스틱 선과 불투명 유리 상자들을 더블 스킨 구조로 마무리했다.

한편 다니엘 리베스킨트의 초기 설계안에서는 벡터 창을 통해 마치 망원경처럼 하늘을 볼 수 있도록 구상했는데, 역시 이를 시공하는 데는 다양한 현실적인 문제가 우

○ Sheet, 건축 마감재 위에 별도의 목적을 위해 붙이거나 덮는 얇은 한 장의 천.

려되었다. 벡터가 실내를 관통하면서 생길 수 있는 내부 공간 손실, 슬래브와 보가 만나는 부위에서 발생할 수 있는 구조적인 문제, 소음 문제 등이 거론되었고, 결국에는 공사비와 공사 기간을 증가시키는 장애 요인이 되었다. 시공사는 이런 다양한 문제를 극복하지 못했고, 상징적인 벡터가 내부 공간을 관통하는 대신, '지상과 하늘이 벡터로 연결되는 형상'으로 변경해 시각적으로 표현하여 시공했다.

> 건축물 소개

현대 아이파크 타워
다니엘 리베스킨트

건축가 소개

이름	다니엘 리베스킨트(Daniel Libeskind)
출생	1946년, 폴란드
대표 작품	베를린 유대인 박물관(2001), 원 월드 트레이드센터 마스터플랜(2003)
국내 작품	서울 현대 아이파크 타워(2004), 부산 해운대 마린시티(2011)
수상 경력	드레스덴 국제평화상(2023)

건축 개요

이름	현대 아이파크 타워
주소	서울특별시 강남구 영동대로 520
소유주	HDC
용도	업무 시설
설계 사무소	하우드종합건축사사무소
시공사	HDC현대산업개발
외부 마감	커튼 월, 철골, 패널

운영 안내

관람 시간	09:00~21:00
입장료	무료

대중교통

지하철	봉은사(9) 6번 출구
광역버스	N6703, 500-2, 9407, 9507, 9607, G3202
간선버스	146, 301, 342, 345, 401, 8146, N61
지선버스	강남01, 강남06, 2415, 3217, 3411, 3412, 4318

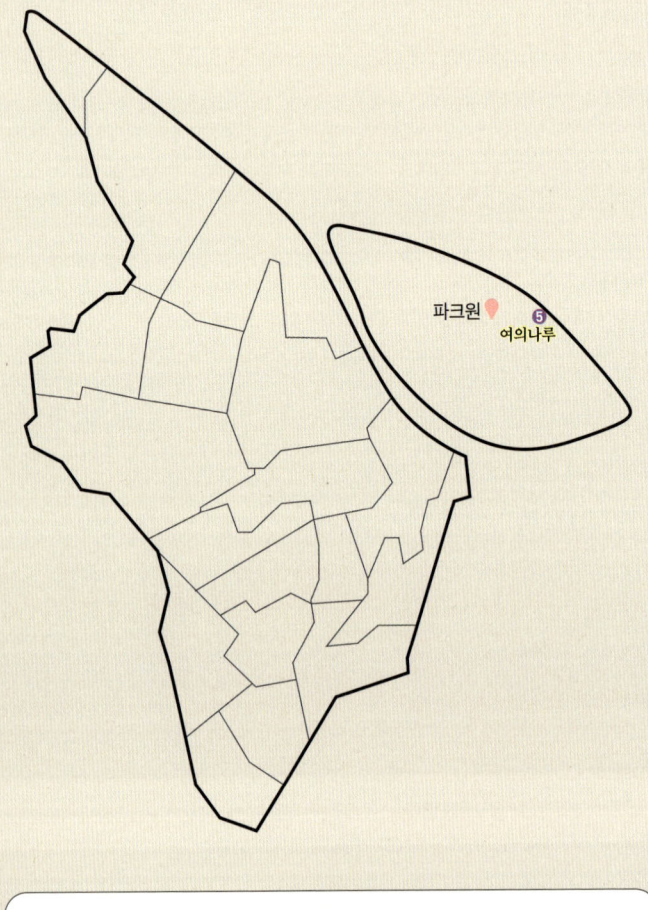

여의도는 업무와 주거가 혼재된 지역으로, 세계적 건축가 **리처드 로저스**의 초고층 건축 스케일을 경험할 수 있는 곳이기도 하다. 리처드 로저스는 '하이테크 건축의 거장'이자, 프리츠커 건축상 수상자이며, 우리에게 익숙한 파리 퐁피두 센터를 설계한 건축가이다.

그가 설계한 파크원[Parc.1]은 여의도의 국제 금융 위상을 강화하고, 초고층 타워를 통해 서울의 새로운 스카이라인을 완성했다. 또 친환경 설계와 스마트 기술을 적용해 지속 가능한 도시 개발의 좋은 사례를 남겼으며, 서울의 경제력과 미래 지향성을 시각적으로 보여 주었다.

건축가 리처드 로저스가 설계한 여의도 파크원 Parc.1은 그의 대한민국 첫 프로젝트이자 마지막 유작이다. 또 그의 설계안 중 가장 큰 프로젝트이자 아쉬움이 남는 설계로, 우리에게 특별한 의미가 있다. 그는 파크원 설계 초기에 여의도라는 지루하고 무표정한 회색 지역을 한국에서 가장 파격적인 색채와 환경 개선을 통해 작품화하고자 노력했다. 현재 이 건축물은 여의도 스카이라인을 새롭게 구성하여 랜드마크이자 아이콘으로 자리 잡았고, 대한민국 서울에서 가장 차별화된 디자인 개념을 보여 준다.

파크원의 대표적인 특징인 외부의 붉은색은 설계 초기에 건축물 외부에 드러난 철 골조의 색상을 결정하지 못해 고심하던 중 한국 전통 목조 건축물의 단청을 보고 아이디어를 얻었다고 한다. 단청의 청, 적, 황, 백, 흑 다섯 가지 색 중 전통적이고 한국적인 건축을 표현하는 데 적색이 최적이라고 판단했고, 이로써 강렬하고 파격적인 붉은색 외관 철 골조 기둥이 탄생했다. 이렇게 붉은색 외골격을 통해 전통과 기술의 조화를 이루어 냈으며, 내부 공간은 기둥 없이 개방감을 느끼게 하고 유연하고 자유로운 사무 공간의 확보를 가능하게 했다.

여의도 거주민 일부는 파크원의 붉은색 외관이 서울 강북 테크노마트 같다는 부정적 의견을 내기도 했다. 하지만 리처드 로저스는 스스로 하이테크 건축의 전문가임을 입증하듯, 각종 스마트 건설^{BIM, 3D 스캔} 기술과 건식 공법을 활용해 기간을 단축하고 구조를 강화하여 고품질 시공을 성공적으로 마무리했다.

리처드 로저스

리처드 로저스^{Richard Rogers}는 1933년 이탈리아 피렌체에서 출생했으나 그의 부모는 모두 영국인이었다. 아버지 윌리엄 니노 로저스는 영국계 치과의사로, 이탈리아 건축가 에르네스토 나단 로저스의 친척이기도 했다. 그의 어머니는 디자인에 관심이 많고 도자기 제작을 무척 좋아했으며, 리처드 로저스의 예술에 관한 관심을 적극적으로 지원했다. 이러한 어머니의 예술적 관심과 가정 환경이 그의 창의성과 세계관에 깊은 영향을 주었다.

1939년, 리처드 로저스의 가족은 이탈리아에서 영국으로 돌아갔고, 그는 세인트존스 스쿨에 입학했다. 그러나 리처드 로저스는 11세가 될 때까지 난독증 때문에 글을 읽지 못했다. 리처드 로저스는 이를 극복하고 1954년 영국 AA 스쿨에 진학한 뒤, 근대 건축 이론과 디자인을 집중적으로 배우며 본격적으로 건축에 전념했다. 1962년에는 예일 대학교 건축대학원 석사 과정에서 노먼 포스터를 만나고 기능주의와 하이테크 건축°의 기초와 개념을 접한다. 노먼 포스터는 미국 실리콘 밸리 애플 사옥과 우리나라 대전 한국타이어 테크노 돔[2016]을 설계한 건축가로, 이때부터 리처드 로저스와 노먼 포스터, 두 건축가는 하이테크 건축의 대표 건축가로 이름을 알리게 되었다.

리처드 로저스는 당시 뉴욕에 있던 세계적인 건축사무소 SOM°°에서 근무했으며, 1963년 영국으로 돌아와서

○ High-Tech Architecture, 1970년대부터 시작된 근대 건축 사조로, 첨단 산업 요소를 건물 설계에 융합한 것이다. 알루미늄, 강철, 유리를 많이 사용하고, 콘크리트는 상대적으로 적게 사용한다. 대표적인 건축가로는 마이클 홉킨스, 노먼 포스터, 리처드 로저스, 렌조 피아노 등이 있다.

○○ Skidmore, Owings & Merrill, 1936년 시카고에서 스키드모어와 오윙스가 설립한 세계적인 건축 설계, 도시 계획 및 엔지니어링 회사. 1939년에 엔지니어 메릴이 합류 후 그의 이름까지 넣은 SOM이 회사명이 되었다. 이 회사는 우리나라에서도 63빌딩과 타워 팰리스, 여의도 쌍둥이 빌딩(LG타워), 해운대 엘시티, 부산 롯데타워를 설계했다.

미국 캘리포니아 애플 신사옥

노먼 포스터, 수 브럼웰^{Su Brumwell}, 웬디 치즈먼^{Wendy Cheesman}과 함께 팀 4^{Team 4}를 결성했다.

리처드 로저스는 1971년 이탈리아 건축가 렌조 피아노와 함께 유명한 퐁피두 센터[1977] 국제 현상 설계에 당선된다. 이 프로젝트는 1970년대 초반 건축계에 혁신적인 전환점을 만든 상징적인 프로젝트로, 600개 팀 중 최종 당선되었다. 실험적이지만 기능적으로 설계해 건축을 공공 공간으로 확장하고 공유한 공로를 인정받은 두 사람은 RIBA 로열 금메달[1985], 토머스 제퍼슨 메달°[1991], 일본 황실 건축상[2000] 등을 받는다. 2006년에는 베니스 건축 비엔날레 황금사자상^{평생공로상}, 2007년에는 프리츠커 건축상을 받았다. 리처드 로저스를 평가했던 당시 심사위원들은 그의 건축 특징인 지속 가능성, 에너지 효율성, 사용자 배려 공간 제안을 대단히 높게 평가했다.

다양한 국가와 지역에서 왕성한 작품 활동을 진행하던 리처드 로저스는 2021년 12월 18일 88세로 생을 마감

○ 1966년부터 토머스 제퍼슨 재단과 버지니아 대학교 건축대학이 매년 공동으로 수여하는 상으로, 건축에 탁월한 공헌을 한 개인에게 수여한다. 최초 수상자는 미스 반 데어 로에이다.

했다. 그는 건축 모더니즘과 기능주의를 통합한 혁신적인 하이테크 건축을 평생 구현하였고, 세계 곳곳의 스카이라인을 재창조했다. 그의 하이테크 건축은 파격적인 이미지, 건물의 골격과 설비 등을 그대로 노출하는 것으로 유명하다. 리처스 로저스는 평소 모든 건축물은 사회적 가치와 책임이 있어야 한다고 자주 말했으며, 특히 건축은 모든 사람에게 빛과 희망이 되어야 한다고 했다.

퐁피두 센터를 비롯해 로이드 빌딩[1984], 스트라스부르 유럽 인권재판소[1984], 베를린 다임러 크라이슬러 본사[1999], 런던 밀레니엄 돔[1999], 히스로 공항 제5터미널[2008], 뉴욕 신세계무역센터[2018] 세 번째 타워가 그의 설계안이다.

하이테크 건축의 대가

퐁피두 센터는 오르세 미술관, 루브르 박물관과 함께 파리 3대 미술관 중 하나이다. 광화문 KT 사옥을 설계한 렌조 피아노와의 공동 작품으로, 1971년에 착공해 1977년에 준공했으며, 하이테크 건축의 효시로 알려진 건축물이다. 철골 구조와 에스컬레이터, 공조 설비 시스템 등을 과감하게 노출했는데, 에펠탑 이후로 프랑스 전체에 논란

프랑스 파리 퐁피두 센터 전경과 외부 노출 설비

이 생길 정도로 파격적이었다. 특히 정유 공장을 떠올리게 하는 파이프들은 엄청난 조롱의 대상이 되었으나 시간이 지나면서 파리 시민의 사랑을 받게 되었다. 실내는 기둥 없이 자유롭게 변경이 가능한 가변형 공간으로 구성되었다. 이 설계안을 계기로 리처드 로저스와 렌조 피아노는 전 세계에 수많은 하이테크 건축물을 설계하게 된다.

1978년 영국 보험회사 로이드Lloyd's는 사옥 건립을 두고 이오밍 페이°와 리처드 로저스 중에서 고민하다 최종적으로 리처드 로저스를 낙점한다. 리처드 로저스는 로이드 빌딩에 강렬한 하이테크 이미지를 부여하기 위해 외부에 스테인리스 스틸 복합 패널을 적용한 6개의 타워를 배치했다. 3개의 메인 타워와 3개의 설비 타워로 구성되어 있으며, 은색 메탈 마감이 반복되는 모듈 형식으로 마무리되었다. 리처드 로저스는 로이드 사옥 설계를 구상하면서 퐁피두 센터와 유사한 디자인 개념으로 접근해 엘리베이터와 배선 및 설비, 환기구 등을 과감하게 바깥으로 노출했다. 특히 스테인리스 스틸 외벽은 그가 평소에 좋아하

○   I. M. Pei, 중국계 미국인 건축가로, 루브르 박물관 유리 피라미드, 미국 내셔널 갤러리 동관 등을 설계했다.

영국 런던 로이드 본사

1, 2. 영국 런던 템스강 변 밀레니엄 돔 전경

는 건축 재료로, 미래적이고 첨단화된 느낌을 준다. 이로써 로이드 사옥은 프랑스 퐁피두 센터의 '런던 버전'이라며, 건축 비평가들은 업무 시설이 아닌 석유공장과 비슷하다고 평가했다.

밀레니엄 돔 Millennium Dome 은 2000년을 기념하여 설계된 '런던의 두 번째 대형 프로젝트'로, 템스강 동쪽 그리니치 지역에 있는 세계 최대 규모의 전시 및 공연을 위한 공간이다. 리처드 로저스가 1999년 설계했으며, 단일 지붕 구조물로, 직경 365m 규모, 2만 3천 명을 수용할 수 있는 거대한 돔 건축물이다. 12개의 기둥과 직경 365m의 막은 1년 12개월과 365일을 의미한다. 처음에 밀레니엄 돔은 주요

전시회의 장소로 사용될 예정이었으나 1990년대 후반 토니 블레어 당시 총리는 초기보다 더 화려하게 만들어 정치적으로 활용하려 했다. 이로써 정치적, 재정적 부담이 커지면서 문제가 되었고, 현재는 휴대폰 회사가 인수해 공연 및 전시 공간으로 이용하고 있다.

파크원

파크원 Parc.1 은 영등포구 여의도에 있는 건축물로, 원래 이 부지는 통일교에서 매입한 것으로 통일교 세계본부 건물을 지을 계획이었다. 그러나 정부는 여의도에 초고층 종교 시설이 들어오는 것을 부담스럽게 생각해 허가하지 않았다. 이후 IMF를 겪으며 통일교 소유 일부 회사들이 이 땅을 담보로 돈을 빌렸다가 갚지 못해 땅이 강제 경매에 나오는 우여곡절을 겪었으며, 한동안 주차장 공간으로만 사용됐다. 통일교는 이 부지를 새롭게 활용할 방안을 연구하다가 투자 회사에 땅을 빌려주고 대신 건물을 건립하는 방식°으로 변경하면서 건립에 탄력이 붙기 시작했다. 2005년 말레이시아 부동산 개발 업체가 업무 및 상업 복합시설 건립 계획서를 제출했고, 통일교는 99년간 땅을 사용할 수 있는 지상권을 설정해 주었으며, 정부도 이를 허가해 주었다. 개발 업체와 통일교는 합작으로 임시 회사 Y22 프로젝트 금융투자를 설립해 사업 진행을 담당하는 시행사 역할을 맡겼고, 99년간 임차권도 임시 회사에 넘기면서 공사가 본격적으로 진행된다.

　이렇게 시공된 파크원은 여의도 주변 빌딩의 스카이라인 속에서 건물 외부에 붉은색 수직 라인이 눈에 띄는 건축물로 완공됐다. 건물 형태는 노먼 포스터가 설계한 홍콩 HSBC 본사나 프랑스 파리 퐁피두 센터 외벽 디자인과

○ Land Lease. 토지 소유주가 토지 사용권을 일정 기간 임대해 주고 임차인이 건물을 일정 기간 소유하는 구조. 위탁 개발이라고도 부른다.

일부 비슷하다. 파크원 타워 1의 규모는 69층, 333m에 이르며, 잠실에 있는 롯데월드타워[123층, 555m] °°와 부산 엘시티[84층, 412m], 여의도 전경련회관[50층, 245m], 63스퀘어[60층, 249m], 서울국제금융센터[55층, 285m]와 함께 서울을 대표하는 건축물로 자리 잡았다. 현재 파크원은 서울에서 두 번째로 높은 빌딩인 동시에 대한민국에서 다섯 번째로 높은 상징적 건물이다. 또 업무용 오피스로는 국내 최고 높이이며, 페어몬트 호텔과 현대백화점이 자리해 비즈니스, 휴식, 쇼핑 등을 단지 내에서 모두 누릴 수 있도록 했다. 지하철 9호선이 지나는 여의도역에서 지하로 직접 연결되어 있어 편리하게 이용할 수 있는 것도 장점이다.

리처드 로저스는 파크원을 처음 구상하며[삼우, 시아플랜] 인체와 비슷하게, 구조는 뼈와 비슷하게, 혈관과 같은 설비는 외부에 설치하여 내부 공간의 효율을 극대화했다. 건축물의 세부 개요는 4만 6,465㎡ 부지에 오피스동 2개와 호텔동, 백화점동 등 총 4개 동으로 이루어졌으며, 지하 쇼핑몰까지 모두 포함해서 파크원으로 지칭한다. 오피스

°° 2016년에 준공된 롯데월드타워(KPF 설계)는 세계에서 다섯 번째 높은 건물로, OECD 국가 건축물 중 최고 높이를 자랑한다.

동 2개는 각각 지하 7층~지상 69층 $^{333m,\ A동}$, 지상 53층 ^{256m,} ^{B동} 규모이며, 나머지 2개 동은 각각 8층 규모의 백화점과 31층 호텔로 구성됐으며, 연면적 62만 9,047㎡에 이른다.

    파크원의 오피스동은 외형의 강렬한 붉은색 수직선이 눈에 띄는데, 이는 단청에서 아이디어를 얻은 것이다. 한국 전통 건축의 기둥 형상을 담기 위해 모서리를 한국 전통 건축에서 위엄과 품위를 상징하는 자색으로 꾸몄다. 붉은색은 리처드 로저스가 특히 좋아하는 색상이기도 한데, 미래 지향적인 형태와 이미지를 혼합해 강렬한 이미지를 표현함으로써 시각적으로 활력을 주었다. 이 파격적인 색상과 외부에 돌출된 형태는 그가 추구한 하이테크 건축의 상징적인 표현 요소이다. 또 다른 외벽도 파격적인 색상으로 장식했는데, 파란색은 공조, 흰색은 구조, 노란색은 전기, 초록색은 수도를 의미한다.

    파크원 타워는 2007년 6월에 착공해 2013년 완공을 목표로 건설에 들어갔으나, 건축주 통일교 측에서 사업을 진행하는 시행사에 지상권 소송을 제기하면서 한동안 공사가 중단되는 과정을 겪었다. 때마침 통일교 내 집안 다툼까지 벌어지면서 다시 한번 공사가 중단되었다. 이러한

1. 마천루 2. 주 출입구

과정을 거치면서 7년간 공사가 지연되자 처음부터 공사를 진행했던 시공사가 변경 삼성종합건설에서 포스코 건설로 되는 과정을 겪은 후 2017년부터 재공사를 시작해 2020년 준공된 프로젝트이다.

파크원의 가장 큰 특징은 현장 중심의 시공 방식 습식 공법이 아니라 공장에서 제작해 현장에서 시공하는 방식 건식 공법을 주로 사용했다는 점이다. 다양한 자재를 현장에서 조립해 사용하면서 건물 내외부 곳곳에 엘리베이터, 이음새, 연결 철물 등이 노출돼 리처드 로저스의 설계 개념 자체를 완벽하게 볼 수 있다. 총 6만 3천여 톤의 철강재가 사용됐으며, 건축, 구조, 설비가 완벽한 협업이 이루어진 결과물이다.

파크원 타워에서 가장 넓은 공간은 쇼핑몰 6층 사운드 가든 공간으로, 내부에 기둥 하나 없으며, 유리 천장과 철골 구조로 쾌적하고 개방감 있게 조성했다. 특히 방패 모양 134m×59m 의 880톤에 이르는 천장 공간을 지지하는 것은 8개의 크레인 기둥과 지면에 연결된 4개의 와이어이다.

건축물 소개

여의도 파크원
리처드 로저스

건축가 소개

이름	리처드 로저스(Richard Rogers)
생몰	1933~2021년, 이탈리아
대표 작품	파리 퐁피두 센터(1977), 런던 로이드 빌딩(1986), 밀레니엄 돔(1991)
국내 작품	파크원(2020)
수상 경력	베니스 비엔날레(2006), 프리츠커상(2007), 스털링상(2009)

건축 개요

이름	파크원
주소	서울 영등포구 여의대로 108
소유주	통일교(부지), 타워 1(Y22프로젝트금융투자), 타워 2(NH투자증권)
용도	업무 시설, 판매 시설, 숙박 시설
설계 사무소	삼우종합건축사사무소, 시아플랜건축사무소
시공사	포스코건설
외부 마감	커튼 월, 철골, 패널

운영 안내

관람 시간	10:00~21:00
입장료	무료
연락처	02-2090-6161

대중교통

지하철	여의나루(5), 여의도(9)
광역버스	6007
간선버스	160, 260, 262, 360, 600, 662, 700, 753, 6007, N16
지선버스	88, 5012, 5615, 5713, 6623, 6628, 7613, 영등포10, 영등포11

건축가별 국내 건축물 목록

건축가	건축물
구로카와 기쇼	롯데월드 어드벤처
다비드 피에르 잘리콩	서울프랑스학교, 까르띠에 청담, 아쿠아아트 육교, 센트럴포인트 육교, 주한 오만대사관, 홍천 소노펠리체
다니엘 리베스킨트	현대 아이파크 타워, 부산 해운대 마린시티
데이비드 치퍼필드	아모레퍼시픽 사옥, 성수 크래프톤 사옥(시공 중)
도미니크 페로	이화 캠퍼스 복합단지(ECC), 제주 아트빌라스, 여수 예울마루
라파엘 모네오	에테르노 청담
라파엘 비뇰리	종로타워
렘 콜하스	서울대학교 미술관, 리움미술관 아동교육문화센터, 갤러리아 광교
렌조 피아노	KT광화문빌딩 EAST
리처드 로저스	여의도 파크원
마리오 보타	강남 교보타워, 리움미술관 M1, 남양성모성지 대성당, 부산 교보생명 타워, 제주 아고라클럽하우스
뱅상 코르뉴	대림미술관
벤 판 베르켈	갤러리아백화점 명품관 WEST, 한화 장교사옥, 수원 아이파크시티, 천안 갤러리아백화점, 대구 월배아이파크
비니 마스	서울로7017, 안양예술공원 전망대, 광주 GD폴리
쇼 오쿠노	롯데호텔 서울
시저 펠리	교보생명 본사 사옥
쓰카모토 야스시	문화역서울284

건축가	건축물
아론 탄	SKT 타워, W호텔, 압구정 리더스피부과의원, 전주대학교 스타센터
안도 다다오	LG아트센터 서울, 종로 JCC, 제주 유민 아르누보 뮤지엄, 글라스 하우스, 본태박물관, 뮤지엄 산
야마모토 리켄	강남에버시움, 판교 월든힐스
이타미 준(유동룡)	갤러리 이즈, 제주 포도호텔, 수풍석 뮤지엄, 방주교회, 두손미술관, 구정아트센터(온양미술관), 운중 SK아펠바움, 경주타워, 제주 핀크스 클럽하우스, 영천 오펠클럽하우스, 서원힐스 클럽하우스, 각인의 탑
자하 하디드	동대문디자인플라자(DDP)
장 누벨	돌체앤가바나 서울청담플래그십, 리움미술관 M2
장 미셸 빌모트	서울옥션 강남센터, 가나아트파크, 르 씨엘 빌모트, 권진규미술관
크리스티앙 드 포잠박	하우스 오브 디올
톰 메인	코오롱 원앤온리타워, 서대문구 쥬라기 타워, 세종 엠브릿지
프랭크 게리	루이비통 메종 서울
프리츠 반 동겐	LH 강남 힐스테이트, 빌리브 하남
플로리안 아이덴버그	국제갤러리 K3
피터 카운베르흐	강남 GT타워
헤르조그 앤 드 뫼롱	송은 아트스페이스

세계적인 건축가가 설계한 지방 건축물

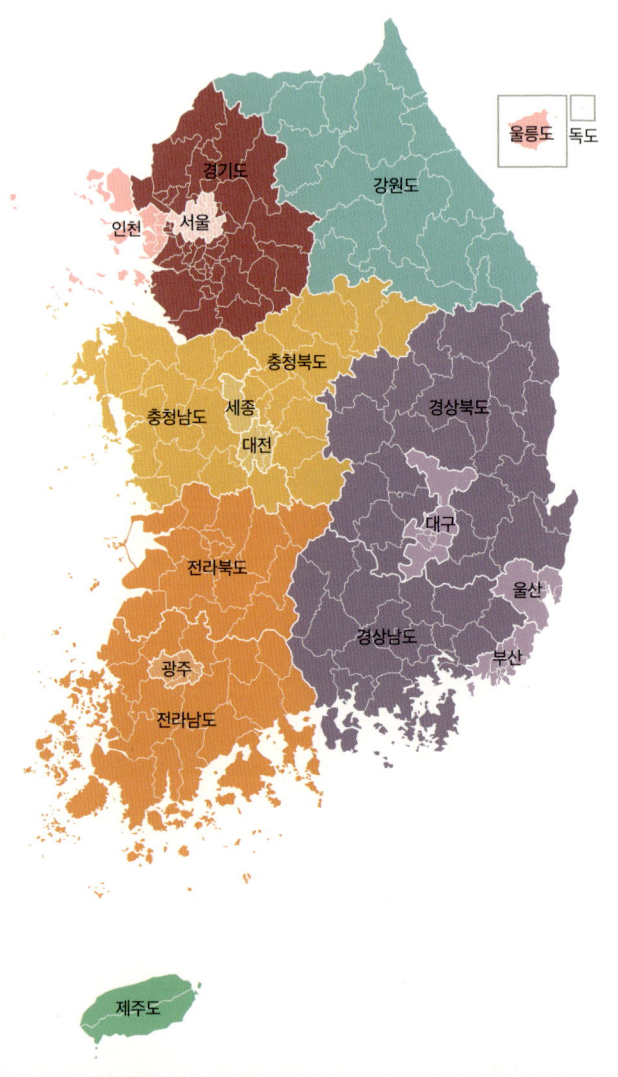

경기도
분당 한국타이어 신사옥노먼 포스터
분당 르 씨엘 빌모트장 미셸 빌모트
하남 빌리브 하남프리츠 반 동겐
판교 윌든힐스 1단지페카 헬린
판교 윌든힐스 2단지야마모토 리켄
판교 윌든힐스 3단지마크 맥
용인 아모레퍼시픽 기술연구원알바루 시자
용인 백남준아트센터키르스텐 쉐멜, 마리나 스탄코비치
용인 레이크힐스 클럽하우스마이클 그레이브스
용인 안양예술공원 파빌리온알바루 시자
안양 안양예술공원 전망대비니 마스
여주 해슬리 나인브릿지 클럽하우스시게루 반
여주 권진규미술관장 미셸 빌모트
양주 가나아트파크시게루 반
양주 장욱진미술관최-페레이라 건축
양주 문신아뜰리에 미술관론 아라드
수원 갤러리아 광교렘 콜하스
수원 갤러리아백화점장 누벨
수원 아이파크 시티벤 판 베르겔
장흥 가나아틀리에장 미셸 빌모트
청평 클럽앤갤러리시게루 반
화성 남양 성모성지 대성당마리오 보타
화성 남양 성모성지 경당페터 춤토르
파주 열화당책박물관플로리안 베이겔
파주 미메시스 아트뮤지엄알바루 시자
파주 서원밸리 클럽하우스이타미 준
파주 동녘세지마 가즈요, 니시자와 류에

충청도
대전 한국타이어 테크노 돔노먼 포스터
대전 이응노미술관로랑 보두앵
온양 구정아트센터이타미 준
천안 갤러리아백화점벤 판 베르겔
세종 엠브릿지톰 메인

경상도
경북 군위 사유원 소대알바루 시자
경주 경주타워이타미 준
대구 월배 아이파크벤 판 베르겔
부산 부산 롯데타워, 국제타워구마 겐고
부산 해운대 마린시티다니엘 리베스킨트
부산 교보생명 사옥마리오 보타
부산 코모도호텔조지프 루
부산 영화의 전당콥 힘멜브라우
부산 용호동 주상복합로랑 살로몽
영천 오펠클럽하우스이타미 준

강원도
강릉 씨마크 호텔리처드 마이어
원주 뮤지엄 산안도 다다오
춘천 NHN연수원구마 겐고
홍천 소노 펠리체다비드 피에르 잘리콩

전라도
전주 전주대학교 스타센터아론 탄
광주 서원문 제등플로리안 베이겔
광주 GD 폴리비니 마스

제주도
아트빌라스구마 겐고
아트빌라스도미니크 페로
아고라 CC 클럽하우스마리오 보타
유민미술관안도 다다오
글라스 하우스안도 다다오
본태박물관안도 다다오
포도호텔이타미 준
수·풍·석(水·風·石) 뮤지엄이타미 준
방주교회이타미 준
두손미술관이타미 준
핀크스 클럽하우스이타미 준

세계 3대 건축상

세계 3대 건축상이란?

	프리츠커 건축상	AIA 금메달	RIBA 로열 금메달
주최	하얏트 재단 (The Hyatt Foundation)	미국 건축가협회 (AIA)	영국 왕립건축가협회 (RIBA)
설립 연도	1979년	1907년	1848년
수상 기준	건축 환경에 지속적으로 공헌한 건축가	건축을 통해 사회적으로 기여한 건축가	건축의 발전에 업적을 남긴 개인 혹은 단체
특징	건축계의 노벨상으로 불리며, 생존 건축가에게 수여	주로 미국인 건축가에게 수여하는 경우가 많음	영국 왕실의 승인을 받아 수여하는 세계적 권위의 상

대한민국 내 건축물을 설계한 건축가 수상 이력

건축가	프리츠커 건축상	AIA 금메달	RIBA 로열 금메달
리처드 마이어	1984년	1997년	1988년
프랭크 게리	1989년	1999년	2000년
렌조 피아노	1998년	2008년	1989년
안도 다다오	1995년	2002년	1997년
리처드 로저스	2007년	2019년	1985년
알바루 시자	1992년	-	2009년
렘 콜하스	2000년	-	2004년
헤르조그 앤 드 뫼롱	2001년	-	2007년
자하 하디드	2004년	-	2016년
장 누벨	2008년	-	2001년
페터 춤토르	2009년	-	2013년
데이비드 치퍼필드	2023년	-	2011년
라파엘 모네오	1996년	2003년	2003년
톰 메인	2005년	2013년	-
야마모토 리켄	2024년	-	-

사진 저작권

026	1	CC BY-SA 4.0 Roland Arhelger	**256**	2	CC BY-SA 3.0 Giuseppe Milo
026	2	CC BY-SA 2.0 hibino	**273**	1	CC BY-SA 4.0 Tdorante10
029	1	CC BY-SA 3.0 King of Hearts	**290**		CC BY-SA 2.0 Studio Sarah Lou
029	2	CC BY-SA 4.0 Frank Schulenburg	**296**	2	CC BY-SA 2.5 cn 东林
040	1	CC BY-SA 3.0 Rs1421	**311**		CC BY-SA 3.0 Wojciech Kaczura
073		CC BY-SA 2.0 ajay_suresh	**315**	2	CC BY-SA 3.0 Wladyslaw Sojka
116	2	CC BY-SA 4.0 SBB Historic	**316**	2	CC BY-SA 3.0 Prasit Frazee
134	1	CC BY-SA 2.0 laurenatclemson	**330**		CC BY-SA 4.0 Eppenga
134	2	CC BY-SA 3.0 G.Lanting	**345**		CC BY-SA 2.0 Andrea de Poda
155	3	CC BY-SA 3.0 강주	**346**		CC BY-SA 4.0 AFASLive Amsterdam
170	1	CC BY-SA 3.0 Ctjf83	**364**		CC BY-SA 3.0 Wiii
190		CC BY-SA 4.0 Luxofluxo	**365**		CC BY-SA 2.0 Forgemind ArchiMedia
207		CC BY-SA 4.0 Ethan Doyle White	**384**	1	CC BY-SA 3.0 Oiuysdfg
212	1	CC BY-SA 2.0 Artur Salisz	**387**	2	CC BY-SA 3.0
220	1, 2	국립중앙박물관	**389**		CC BY-SA 3.0 ProjectManhattan
221	3	국립중앙박물관	**406**		CC BY-SA 3.0 SimonP
238	2	CC BY-SA 4.0 Julian Herzog	**408**	1	CC BY-SA 2.5 Geographer
256	1	CC BY-SA 4.0 1971markusMemorino			

서울, 작품이 되다

초판 1쇄 인쇄 · 2025. 11. 10.
초판 1쇄 발행 · 2025. 11. 20.

지은이	공주석
발행인	이상용·이성훈
발행처	청아출판사
출판등록	1979. 11. 13. 제9-84호
주소	경기도 파주시 회동길 363-15
대표전화	031-955-6031 팩스 031-955-6036
전자우편	chungabook@naver.com

ⓒ 공주석, 2025
ISBN 978-89-368-1257-7 03540

* 값은 뒤표지에 있습니다.
* 잘못된 책은 구입한 서점에서 바꾸어 드립니다.
* 본 도서에 대한 문의사항은 이메일을 통해 주십시오.